首都经济贸易大学出版资助

矩阵特征值估计及计算方法

李月爽 著

首都经济贸易大学出版社
Capital University of Economics and Business Press
·北 京·

图书在版编目（CIP）数据

矩阵特征值估计及计算方法 / 李月爽著. —— 北京 ：首都经济贸易大学出版社，2023. 1

ISBN 978－7－5638－3436－5

Ⅰ. ①矩… Ⅱ. ①李… Ⅲ. ①矩阵一计算方法 Ⅳ. ①O151. 21

中国版本图书馆 CIP 数据核字（2022）第 198950 号

矩阵特征值估计及计算方法

李月爽　著

JUZHEN TEZHENGZHI GUJI JI JISUAN FANGFA

责任编辑　薛晓红

封面设计　风得信 · 阿东 FondesyDesign

出版发行　首都经济贸易大学出版社

地　　址　北京市朝阳区红庙（邮编 100026）

电　　话　（010）65976483　65065761　65071505（传真）

网　　址　http://www.sjmcb.com

E－mail　publish@cueb.edu.cn

经　　销　全国新华书店

印　　刷　北京九州迅驰传媒文化有限公司

成品尺寸　170 毫米×240 毫米　1/16

字　　数　150 千字

印　　张　11.5

版　　次　2023 年 1 月第 1 版　2024 年 4 月第 3 次印刷

书　　号　ISBN 978－7－5638－3436－5

定　　价　46.00 元

图书印装若有质量问题，本社负责调换

版权所有　侵权必究

内 容 简 介

本书是矩阵特征值估计及计算方法方面的专著，由概率背景出发，系统地介绍了不同类型矩阵的特征值变分、估计及计算方法。

本书内容包括预备知识、可配称矩阵的特征值估计及计算方法、非对称矩阵的特征值估计及逼近程序、一般非负不可约矩阵的特征值计算方法以及离散加权 p-Laplacian 算子的特征值研究。作为 Perron-Frobenius 定理和幂法的应用，本书介绍了具有概率背景的矩阵的特征值的对偶变分公式。在变分公式中，当取特殊的试验函数时可得特征值的估计。借助概率中对特征值的精确估计，对幂法等相关算法给出高效初值并改进算法，减少了算法的迭代步数，有效提高了算法的收敛速度。本书可作为高等院校的研究生和高年级本科生学习幂法等相关迭代方法及其改进算法的参考书，也可供有关专业的教师、科研工作人员和工程技术人员参考。

本书逻辑清楚，深入浅出，既注重方法的介绍，又有理论的证明，便于自学。

前 言

特征值问题在众多学科中扮演着重要角色，物理、工程技术和经济中的很多问题在数学上都归结为求矩阵的特征值问题。关于特征值问题的研究已有相当长的历史，其中的幂迭代算法及其演化算法是计算矩阵特征值的重要方法之一，而这类方法的收敛速度和迭代步数又严重依赖于初值的选取。本书以提供这类迭代方法的高效初值为目的，从概率中得到的相关研究成果出发，介绍矩阵特征值的变分公式、特征值估计及其计算方法，并将相关结果推广到非线性算子的特征值问题。

2014—2020 年，作者在北京师范大学数学科学学院分别攻读硕士学位和博士学位，跟随导师陈木法教授做矩阵特征值计算方法相关的工作。我们的工作对幂迭代方法、反幂法以及推移的反幂法给出高效的初值，这里给初值的方法基于陈木法多年来对随机过程稳定速度估计的积累。作者曾应邀在北京师范大学计算数学课题组和中国人民大学统计学院做过相关方面的报告，也曾在“随机过程及其交叉领域”和“青年概率统计学者”会议上讲过部分结果。相关方向的学者对这里提出的改进算法很感兴趣，这也是本书出版的目的之一。希望拙作能有助于相关应用学科的科学研究。由于时间仓促，书中难免有不少谬误，恳请随时指出，以便改正。

具有高等数学知识的读者就可阅读本书。当然，如果读者还具有概率论的基础知识， 阅读本书就会更容易。 本书对定义、定理、例三类分别进行排序。为不引起混淆，书中的引理、推论、注记也归于定理一类，一并排序。

本书的内容主要来源于作者硕博期间在导师陈木法的指导下一起完成的工作。 借此机会， 衷心地感谢陈木法院士的辛勤培养，以及多方面的教育和帮助。首都经济贸易大学出版社的责任编辑薛晓红女士为本书的出版付出了很多努力，在此一并表示感谢。 同时感谢有贡献于本书的学者们和曾经帮助过作者、这里没有一一列出的同志们。

本书的出版得到了首都经济贸易大学青年教师科研启动经费的资助， 项目编号：XRZ2021036。

作者

2022 年 11 月于北京

目　录

第一章　预备知识

什么是矩阵的特征值和特征向量？怎样求解矩阵的特征值和特征向量？数值计算中已有的求解矩阵的特征值和特征向量的迭代算法有哪些？矩阵的特征值和特征向量与概率论有何关系？本章简单介绍这些基础知识.

第一节　特征值问题及相关结果

作为对初等线性代数有关内容的复习和补充，本节首先介绍矩阵特征值和特征向量的基本概念和性质，然后给出特征值估计的经典方法.

一、特征值与特征向量

定义 1.1.　设方阵 $A=(a_{ij})\in\mathbb{C}^{n\times n}$，称关于变量 λ 的行列式函数

$$\varphi_A(\lambda)=\det(\lambda I-A)=\begin{vmatrix}\lambda-a_{11} & -a_{12} & \cdots & -a_{1n}\\ -a_{21} & \lambda-a_{22} & \cdots & -a_{2n}\\ \vdots & \vdots & & \vdots\\ -a_{n1} & -a_{n2} & \cdots & \lambda-a_{nn}\end{vmatrix}$$

为矩阵 A 的特征多项式，方程

$$\varphi_A(\lambda)=0 \tag{1.1}$$

为矩阵 A 的特征方程，特征方程 (1.1) 的根为方阵 A 的特征值.

由行列式的性质可知 $\varphi_A(\lambda)$ 是一个首项为 λ^n 的 n 次多项式, 因而由代数基本定理知 $\varphi_A(\lambda)$ 在复数域 $\mathbb{C}$ 内有 n 个零根, 即 A 有 n 个特征值. 记 A 的特征值的全体为 $\sigma(A)$, 通常称之为 A 的谱集.

定义 1.2. 设矩阵 $A=(a_{ij})\in\mathbb{C}^{n\times n}$, λ 为 n 阶方阵 A 的特征值, 则称齐次线性方程组

$$(\lambda I-A)\mathbf{x}=\mathbf{0}$$

的非零解 $\mathbf{x}$ 为 A 的对应于 λ 的特征向量.

矩阵 A 的特征值问题就是求特征值 λ 和非零向量 $\mathbf{x}$, 使得

$$A\mathbf{x}=\lambda\mathbf{x}. \tag{1.2}$$

本书将满足方程 (1.2) 的对子 $(\mathbf{x},\lambda)$ 称为矩阵 A 的一个特征对子.

定义 1.3. 设矩阵 $A=(a_{ij})\in\mathbb{C}^{n\times n}$ 的特征多项式有分解

$$\varphi_A(\lambda)=(\lambda-\lambda_1)^{n_1}(\lambda-\lambda_2)^{n_2}\cdots(\lambda-\lambda_p)^{n_p},$$

其中 $n_1+n_2+\cdots+n_p=n$, $\lambda_i\neq\lambda_j(i\neq j)$, 则称 n_i 为特征值 λ_i 的代数重数 (简称“重数”), 而称数

$$m_i=n-\operatorname{rank}(\lambda_i I-A)$$

为特征值 λ_i 的几何重数.

n 阶方阵 A 在复数域上有 n 个特征值(重特征值按重数计算). 当 A 为实矩阵时, 复特征值共轭成对出现. 但当 n 较大时, 按照定义中行列式的办法求出特征多项式的根, 再求相应的特征向量, 计算量将非常大. 因此, 在实际求解特征值问题时, 用数值方法代替此种方法. 数值方法的基本思想是: 直接将矩阵 A 变换为简单矩阵, 对简单矩阵设计迭代过程, 最后求得 A 的近似特征值和相应的特征向量.

二、矩阵特征值的性质

下面列出有关特征值、特征向量的一些结果.

定理 1.1. 若 $\lambda_j(j=1,2,\cdots,n)$ 为 n 阶方阵 A 的特征值, 则

(1) $\sum\limits_{j=1}^{n}\lambda_j=\sum\limits_{j=1}^{n}a_{jj}$;

(2) $\lambda_1\lambda_2\cdots\lambda_n=\det(A)$.

定理 1.2. 若记 A^{T} 为方阵 A 的转置矩阵, 则

$$\sigma(A^{\mathrm{T}})=\sigma(A).$$

定理 1.3. 若矩阵 A 为对角阵或上(下)三角阵, 则其对角线元素即矩阵的特征值.

定理 1.4. 若矩阵 A 为分块对角阵, 或分块上(下)三角阵, 如

$$A=\begin{bmatrix} A_{11} & A_{12} & \cdots & A_{1m} \\ & A_{22} & \cdots & A_{2m} \\ & & \ddots & \vdots \\ & & & A_{mm} \end{bmatrix},$$

其中每个块对角阵 A_{ii} 均为方阵, 则矩阵 A 的特征值为各对角块矩阵特征值的合并, 即 $\sigma(A)=\bigcup\limits_{i=1}^{m}\sigma(A_{ii})$.

定理 1.5. 若方阵 A 与方阵 B 为相似矩阵 (即存在非奇异矩阵 P, 使得 $B=P^{-1}AP$), 则

(1) $\sigma(A)=\sigma(B)$;

(2) 若 y 是 B 的对应于特征值 λ 的特征向量, 则 Py 是 A 的对应于特征值 λ 的特征向量.

定理 1.6. 设 λ 为方阵 A 的特征值, $\mathbf{x}$ 为对应于 λ 的特征向量, 则

(1) 对任意非零常数 α, $\alpha\lambda$ 为 αA 的特征值, 且 $\alpha A\mathbf{x}=(\alpha\lambda)\mathbf{x}$;

(2) 对任意非零常数 β, $\lambda-\beta$ 为 $A-\beta I$ 的特征值, 且 $(A-\beta I)\mathbf{x}=(\lambda-\beta)\mathbf{x}$;

(3) 对任意正整数 k, λ^k 为 A^k 的特征值, 且 $A^k\mathbf{x}=\lambda^k\mathbf{x}$;

(4) 设 $p(t)$ 为一多项式函数, 则 $p(\lambda)$ 为矩阵 $p(A)$ 的特征值, 且 $p(A)\mathbf{x}=p(\lambda)\mathbf{x}$;

(5) 若 A 为非奇异矩阵, 则 $\lambda\neq 0$ 且 λ^{-1} 为 A^{-1} 的特征值, 且 $A^{-1}\mathbf{x}=\lambda^{-1}\mathbf{x}$.

定理 1.7. 若 A 为 n 阶实对称矩阵, 则

(1) A 的特征值均为实数;

(2) A 有 n 个线性无关的特征向量;

(3) 存在正交矩阵 P(即 $P^{-1}=P^{\mathrm{T}}$), 使得

$$P^{\mathrm{T}}AP=\mathrm{diag}(\lambda_1,\lambda_2,\cdots,\lambda_n)\triangleq\begin{bmatrix}\lambda_1 & & & \\ & \lambda_2 & & \\ & & \ddots & \\ & & & \lambda_n\end{bmatrix},$$

从而 $\lambda_i(i=1,2,\cdots,n)$ 为 A 的特征值, P 的列向量 $u_j(j=1,2,\cdots,n)$ 为 A 的对应于 λ_j 的特征向量.

定理 1.8. (Jordan 分解定理) 设 $A\in\mathbb{C}^{n\times n}$ 有 r 个互不相同的特征值 $\lambda_1,\cdots,\lambda_r$, 其重数分别为 $n(\lambda_1),\cdots,n(\lambda_r)$, 则必存在一个非奇异矩阵 $P\in\mathbb{C}^{n\times n}$, 使得

$$P^{-1}AP=\begin{bmatrix}J(\lambda_1) & & & \\ & J(\lambda_2) & & \\ & & \ddots & \\ & & & J(\lambda_r)\end{bmatrix},$$

其中,

$$J(\lambda_i) = \operatorname{diag}(J_1(\lambda_i), \cdots, J_{k_i}(\lambda_i)) \in \mathbb{C}^{n(\lambda_i)\times n(\lambda_i)}, \qquad i = 1, \cdots, r,$$

$$J_j(\lambda_i) = \begin{bmatrix} \lambda_i & 1 & & \\ & \lambda_i & \ddots & \\ & & \ddots & 1 \\ & & & \lambda_i \end{bmatrix} \in \mathbb{C}^{n_j(\lambda_i)\times n_j(\lambda_i)}, \quad j = 1, \cdots, k_i,$$

$$n_1(\lambda_i) + \cdots + n_{k_i}(\lambda_i) = n(\lambda_i), \qquad i = 1, \cdots, r;$$

并且除了 $J_j(\lambda_i)$ 的排列次序可以改变外, J 是唯一确定的.

上述定理中的矩阵 J 称作 A 的 **Jordan 标准形**, 其中每个子矩阵 $J_j(\lambda_i)$ 称作 **Jordan 块.**

如果限定变换矩阵为酉矩阵, 则有如下著名的 Schur 分解定理:

定理 1.9. (Schur 分解定理) *设 $A \in \mathbb{C}^{n\times n}$, 则存在酉矩阵 $U \in \mathbb{C}^{n\times n}$, 使得*

$$U^*AU = T,$$

其中, U^* 代表矩阵 U 的共轭转置, T 是上三角阵; 而且适当选取 U, 可使 T 的对角元按任意指定的顺序排列.

三、特征值估计

矩阵特征值的估计无论在理论上或实际应用中, 都有重要意义. 本节列出两个重要的经典估计.

定义 1.4. *设 $A \in \mathbb{R}^{n\times n}$, 称其特征值的按模长最大值*

$$\rho(A) = \max_{1\leqslant i\leqslant n}\{|\lambda_i| : \lambda \in \sigma(A)\}$$

为 A 的谱半径.

定理 1.10. *若 $A \in \mathbb{R}^{n\times n}$, 则有*

(1) *对任意一种 A 的从属范数 $\|\cdot\|$, 有*

$$\rho(A) \leqslant \|A\|.$$

(2) 对任给的 $\epsilon>0$, 存在一种 A 的从属范数 $\|\cdot\|_\epsilon$, 使得

$$\|A\|_\epsilon \leqslant \rho(A)+\varepsilon.$$

(3) 若 A 为实对称矩阵, 则 $\|A\|_2=\rho(A)$.

定义 1.5. 设 $A=(a_{ij})\in\mathbb{C}^{n\times n}$, 则称复平面上以 a_{ii} 为中心, $r_i=\sum\limits_{j=1,j\neq i}|a_{ij}|$ 为半径的圆盘

$$D_i(A)=\{z||z-a_{ii}|\leqslant r_i\},\quad i=1,2,\cdots,n$$

为 A 的 Gerschgorin 圆盘.

定理 1.11. 若 $A=(a_{ij})\in\mathbb{C}^{n\times n}$, 则

(1) A 的任一特征值必落在 A 的某个 Gerschgorin 圆盘之中, 即对任一特征值 λ, 必定存在 $k\ (1\leqslant k\leqslant n)$, 使得

$$|\lambda-a_{kk}|\leqslant\sum_{j=1,j\neq k}^{n}|a_{kj}|.$$

(2) 如果 A 的 m 个 Gerschgorin 圆盘的并集 S 与剩余的 $n-m$ 个圆盘分离, 则 S 内恰好包含 A 的 m 个特征值(重特征根按重数计算). 特别地, 孤立圆盘(即不与其他圆盘相连)恰好包含 A 的 1 个特征值.

第二节 幂法与反幂法

幂法是计算矩阵的模长最大特征值及其对应特征向量的迭代方法. 反幂法是幂法的变形, 用于计算非奇异矩阵按模最小的特征值及其对应的特征向量. 本节介绍幂法、反幂法以及加快幂迭代收敛的技术.

一、幂法

定义 1.6. 在方阵 A 的特征值 λ_1, λ_2, $\cdots$, λ_n 中, 设

$$\lambda_1\geqslant\lambda_2\geqslant\cdots\geqslant\lambda_n.$$

(1) 按模最大的特征值 λ_p:

$$|\lambda_p| \geqslant |\lambda_k|, \quad k \neq p.$$

称为主特征值, 也称为"第一特征值", λ_p 对应的特征向量称为主特征向量.

(2) 特征值 λ_1 称为代数最大特征值, λ_1 对应的特征向量称为代数最大特征向量;

(3) 特征值 λ_n 称为代数最小特征值, λ_n 对应的特征向量称为代数最小特征向量.

可见, 主特征值是指代数最大特征值和代数最小特征值的按模最大者. 这里应该注意的是, 主特征值有可能不唯一, 因为模相同的复数可以有很多. 例如, 模为 1 的特征值可能是 1, -1, $\mathrm{e}^{i\theta}$ 等. 矩阵的主特征对子是指矩阵的主特征值及其对应的特征向量. 另外, 注意谱半径和主特征值的区别. 此外, 代数最大特征对子是指矩阵的所有特征值中最大的特征值及其对应的特征向量, 而代数最小特征对子是指矩阵的所有特征值中最小的特征值及其对应的特征向量.

如果矩阵 A 的主特征值唯一, 则通过幂法可以计算出其主特征值及其对应的特征向量. 进一步, 若 A 为实矩阵, 则其唯一的主特征值为实数, 但不排除它是重特征值. 幂法 (power iteration) 的计算格式为: 任取初始向量 $\mathbf{v^{(0)}} \neq \mathbf{0}$, 构造向量序列

$$\begin{cases} \mathbf{w}^{(1)} = A\mathbf{v}^{(0)},\ z^{(1)} = \max\left(\mathbf{w^{(1)}}\right),\ \mathbf{v}^{(1)} = \mathbf{w}^{(1)}/z^{(1)}, \\ \mathbf{w^{(2)}} = A\mathbf{v^{(1)}},\ z^{(2)} = \max\left(\mathbf{w^{(2)}}\right),\ \mathbf{v^{(2)}} = \mathbf{w^{(2)}}/z^{(2)}, \\ \qquad\qquad \cdots\cdots \\ \mathbf{w^{(k)}} = A\mathbf{v^{(k-1)}},\ z^{(k)} = \max\left(\mathbf{w^{(k)}}\right),\ \mathbf{v^{(k)}} = \mathbf{w^{(k)}}/z^{(k)}, (k \geqslant 1). \end{cases} \tag{1.3}$$

幂法的收敛性定理如下:

定理 1.12. 设 $A \in \mathbb{C}^{n\times n}$ 具有 p 个互不相同的特征值满足 $|\lambda_1| >$

$|\lambda_2| \geqslant \cdots \geqslant |\lambda_p|$, 且主特征值的几何重数等于其代数重数. 若初始向量 $\mathbf{v}^{(0)}$ 在 λ_1 的主特征向量 $\mathbf{x}_1$ 的投影不为零, 则迭代格式 (1.3) 产生的向量序列 $\{\mathbf{v}^{(\mathbf{k})}\}$ 和数列 $\{z^{(k)}\}$ 的极限分别为

$$(1)\quad \lim_{k\to\infty} \mathbf{v}^{(\mathbf{k})} = \mathbf{x_1}/\max(\mathbf{x}_1); \qquad (2)\quad \lim_{k\to\infty} z^{(k)} = \lambda_1.$$

证明 由假设知矩阵 A 有如下的 Jordan 分解：

$$A = X\mathrm{diag}(J_1, \cdots, J_p)X^{-1}, \tag{1.4}$$

其中 $X \in \mathbb{C}^{n\times n}$ 是非奇异矩阵, $J_i \in \mathbb{C}^{n_i\times n_i}$ 是属于 λ_i 的 Jordan 块构成的块上三角阵, $n_1 + \cdots + n_p = n$. 因为 λ_1 的几何重数等于代数重数, 所以 $J_1 = \lambda_1 I_{n_1}$, 其中 I_{n_1} 为 $n_1 \times n_1$ 的单位矩阵. 令 $y = X^{-1}\mathbf{v}^{(0)}$, 并将 y 与 X 做如下分块:

$$\mathbf{y} = (\mathbf{y}_1^{\mathrm{T}}, \mathbf{y}_2^{\mathrm{T}}, \cdots, \mathbf{y}_p^{\mathrm{T}}), \quad X = [X_1, X_2, \cdots, X_p],$$

其中 $\mathbf{y}_i^{\mathrm{T}} \in \mathbb{C}^{n_i\times 1}$, $X_i \in \mathbb{C}^{n\times n_i}$ $(i = 1, \cdots, p)$. 则由式 (1.4) 得

$$\begin{aligned}
A^k\mathbf{v}^{(0)} &= X\mathrm{diag}(J_1^k, \cdots, J_p^k)X^{-1}\mathbf{v}^{(0)} \\
&= X_1J_1^k\mathbf{y}_1^{\mathrm{T}} + X_2J_2^k\mathbf{y}_2^{\mathrm{T}} + \cdots + X_pJ_p^k\mathbf{y}_p^{\mathrm{T}} \\
&= \lambda_1^kX_1\mathbf{y}_1^{\mathrm{T}} + X_2J_2^k\mathbf{y}_2^{\mathrm{T}} + \cdots + X_pJ_p^k\mathbf{y}_p^{\mathrm{T}} \\
&= \lambda_1^k\left(X_1\mathbf{y}_1^{\mathrm{T}} + X_2\left(\frac{J_2}{\lambda_1}\right)^k\mathbf{y}_2^{\mathrm{T}} + \cdots + X_p\left(\frac{J_p}{\lambda_1}\right)^k\mathbf{y}_p^{\mathrm{T}}\right).
\end{aligned}$$

因为 $\lambda_1^{-1}J_i$ $(i = 2, \cdots, p)$ 的谱半径为 $\rho(\lambda_1^{-1}J_i) = |\lambda_i|/|\lambda_1| < 1$, 且初始向量 $\mathbf{v}^{(0)}$ 在 λ_1 的主特征向量 $\mathbf{x}_1$ 的投影不为零, 所以

$$\lim_{k\to\infty}\frac{1}{\lambda_1^k}A^k\mathbf{v}^{(0)} = X_1\mathbf{y}_1^{\mathrm{T}} \neq \mathbf{0}. \tag{1.5}$$

由迭代格式 (1.3) 产生的向量列 $\{\mathbf{v}^{(k)}\}$ 满足 $\|\mathbf{v}^{(k)}\|_\infty = 1$ 和

$$\mathbf{v}^{(k)} = \frac{Av^{(k-1)}}{z^{(k)}} = \frac{A^k\mathbf{v}^{(0)}}{z^{(k)}z^{(k-1)}\dots z^{(1)}},$$

其中 $\mathbf{v}^{(k)}$ 至少有一个分量为 1, 所以 $\zeta_k := z^{(k)}z^{(k-1)}\dots z^{(1)}$ 必为 $A^k\mathbf{v}^{(0)}$ 的一个模最大的分量, 也就是说, ζ_k/λ_1^k 是 $A^k\mathbf{v}^{(0)}/\lambda_1^k$ 的一个模最大分量, 结合式 (1.5) 可知极限

$$\zeta = \lim_{k\to\infty}\frac{\zeta_k}{\lambda_1^k}$$

存在且不为零, 所以

$$\lim_{k\to\infty} z^{(k)} = \lim_{k\to\infty}\frac{\zeta_k}{\zeta_{k-1}} = \lambda_1.$$

再结合式 (1.5) 得

$$\lim_{k\to\infty}\mathbf{v}^{(k)} = \lim_{k\to\infty}\frac{A^k\mathbf{v}^{(0)}}{\zeta_k} = \lim_{k\to\infty}\left(\frac{A^k\mathbf{v}^{(0)}}{\lambda_1^k}\Big/\frac{\zeta_k}{\lambda_1^k}\right) = \frac{X_1\mathbf{y}_1^{\mathrm{T}}}{\zeta}.$$

由迭代格式 (1.3), $A\mathbf{v}^{(k-1)} = z^{(k)}\mathbf{v}^{(k)}$, 两边取极限可得

$$A\frac{X_1\mathbf{y}_1^{\mathrm{T}}}{\zeta} = \lambda_1\frac{X_1\mathbf{y}_1^{\mathrm{T}}}{\zeta}.$$

即 (1)(2) 得证.

注 1.13. (1) 假设 A 具有一个完全的特征向量系 $\mathbf{x}_1, \mathbf{x}_2, \cdots, \mathbf{x}_n$(即这 n 个特征向量线性无关), 相应的特征值分别为 $\lambda_1, \lambda_2, \cdots, \lambda_n$, 则 $\mathbf{v}^{(0)}$ 可表示为

$$\mathbf{v}^{(0)} = \alpha_1\mathbf{x}_1 + \alpha_2\mathbf{x}_2 + \cdots + \alpha_n\mathbf{x}_n,$$

当 $\alpha_1 \neq 0$ 时,

$$A^k\mathbf{v}^{(0)} = \alpha_1\lambda_1^k\mathbf{x}_1 + \alpha_2\lambda_2^k\mathbf{x}_2 + \cdots + \alpha_n\lambda_n^k\mathbf{x}_n.$$

若主特征值 λ_1 满足条件

$$|\lambda_1| > |\lambda_2| \geqslant |\lambda_3| \geqslant \cdots \geqslant |\lambda_n|,$$

则当 $k \to \infty$ 时,

$$\mathbf{v}^{(k)} = \frac{\lambda_1^k \left(\alpha_1 \mathbf{x}_1 + \sum\limits_{i=2}^{n} \alpha_i \left(\lambda_i/\lambda_1\right)^k \mathbf{x}_i\right)}{\max\left(\lambda_1^k \left(\alpha_1 \mathbf{x}_1 + \sum\limits_{i=2}^{n} \alpha_i \left(\lambda_i/\lambda_1\right)^k \mathbf{x}_i\right)\right)}$$

$$= \frac{\alpha_1 \mathbf{x}_1 + \sum\limits_{i=2}^{n} \alpha_i \left(\lambda_i/\lambda_1\right)^k \mathbf{x}_i}{\max\left(\alpha_1 \mathbf{x}_1 + \sum\limits_{i=2}^{n} \alpha_i \left(\lambda_i/\lambda_1\right)^k \mathbf{x}_i\right)} \to \frac{\mathbf{x}_1}{\max(\mathbf{x}_1)},$$

而

$$z^{(k)} = \max(\mathbf{v}^{(k)}) = \max(A\mathbf{v}^{(k-1)}) = \frac{\max(A^k \mathbf{v}^{(0)})}{\max(A^{k-1} \mathbf{v}^{(0)})}$$

$$= \lambda_1 \frac{\max\left(\alpha_1 \mathbf{x}_1 + \sum\limits_{i=2}^{n} \alpha_i \left(\lambda_i/\lambda_1\right)^k \mathbf{x}_i\right)}{\max\left(\alpha_1 \mathbf{x}_1 + \sum\limits_{i=2}^{n} \alpha_i \left(\lambda_i/\lambda_1\right)^{k-1} \mathbf{x}_i\right)}$$

$$= \lambda_1 \left(1 + O\left|\frac{\lambda_2}{\lambda_1}\right|^k\right) \to \lambda_1.$$

若 A 的特征值满足条件:

$$\lambda_1 = \lambda_2 = \cdots = \lambda_r, \quad |\lambda_1| > |\lambda_{r+1}| \geqslant \cdots \geqslant |\lambda_n|,$$

则由幂法的计算格式 (1.3) 得到的序列 $\mathbf{v}^{(k)}$ 收敛于 λ_1 的相应的特征向量. 事实上,

$$\mathbf{v}^{(k)} = \frac{A^k \mathbf{v}^{(0)}}{\max\left(A^k \mathbf{v}^{(0)}\right)} = \frac{\lambda_1^k \left(\alpha_1 \mathbf{x}_1 + \cdots + \alpha_r \mathbf{x}_r\right) + \sum\limits_{i=r+1}^{n} \alpha_i \lambda_i^k \mathbf{x}_i}{\max\left(\lambda_1^k \left(\alpha_1 \mathbf{x}_1 + \cdots + \alpha_r \mathbf{x}_r\right) + \sum\limits_{i=r+1}^{n} \alpha_i \lambda_i^k \mathbf{x}_i\right)}$$

$$\to \frac{\mathbf{u}}{\max(\mathbf{u})},$$

其中 $\mathbf{u} = \alpha_1 \mathbf{x}_1 + \cdots + \alpha_r \mathbf{x}_r$ 是 λ_1 的某个特征向量, 而

$$z^{(k)} = \frac{\max\left(A^k \mathbf{v}^{(0)}\right)}{\max\left(A^{k-1} \mathbf{v}^{(0)}\right)} \to \lambda_1.$$

所以 $|z^{(k+1)}-\lambda_1|/|z^{(k)}-\lambda_1|\approx|\lambda_1/\lambda_2|$, 因此幂法是线性收敛的, 且收敛速度主要取决于 $|\lambda_2/\lambda_1|$ 的大小.

(2) 由于主特征值的特征向量未知, 在选取非零初始向量 $\mathbf{v}^{(0)}$ 时, 有可能出现 $\alpha_1=0$ 或 $\alpha_1\approx 0$ 的情况. 当 $\alpha_1=0$ 时, 计算机舍入误差的影响有可能使得

$$\mathbf{w}^{(1)}=A\mathbf{v}^{(0)}=\sum_{i=1}^{n}\beta_i\mathbf{x}_1$$

中的 $\beta_1\neq 0$, 但 $\beta_1\mathbf{x}_1$ 的分量的数值按绝对值要比其他项小得多. 因此, 在 $\alpha_1=0$ 或 $\alpha_1\approx 0$ 的情形下, 幂法仍可进行, 但要得到较精确的结果, 迭代次数将会很大, 此时, 需要另选初始向量 $\mathbf{v}^{(0)}$.

(3) 如果 A 的特征值不满足 (1) 中的情形, 则不能直接使用幂法的计算格式 (1.3) 求解特征值问题.

(4) 幂法可用于计算一个矩阵 A 的主特征值 λ_1 及其对应的主特征向量 $\mathbf{x}_1$. 在已知矩阵 A 的主特征值 λ_1 及其对应的主特征向量 $\mathbf{x}_1$ 的前提下, 可利用收缩技巧把矩阵 A 降低一阶, 使得新矩阵只包含 A 的其余特征值 $\lambda_2,\cdots,\lambda_n$. 然后用幂法求第二个模长最大的特征值. 正交变换是最简单实用的收缩技巧. 例如, 假设

$$A\mathbf{x}_1=\lambda_1\mathbf{x}_1, \tag{1.6}$$

由 Householder(见第一章第三节) 变换, 可找到酉矩阵 P, 使得

$$P\mathbf{x}_1=\alpha\mathbf{e}_1, \tag{1.7}$$

其中, $\alpha=\|\mathbf{x}_1\|$, $\mathbf{e}_1=(1,0,\cdots,0)^{\mathrm{T}}$. 将式 (1.6) 代入式 (1.7) 整理可得

$$PA\overline{P}^{\mathrm{T}}\mathbf{e}_1=\lambda_1\mathbf{e}_1,$$

这里

$$PA\overline{P}^{\mathrm{T}}=\begin{bmatrix}\lambda_1 & * \\ 0 & B_1\end{bmatrix},$$

其中, B_1 是 $n-1$ 阶方阵, 且具有特征值 $\lambda_2,\cdots,\lambda_n$. 因此, 对 B_1 应用幂法即可得到 λ_2.

二、幂法的加速

幂法是线性收敛的, 且收敛速度由 $|\lambda_2/\lambda_1|$ 决定. 因此, 当 $|\lambda_2/\lambda_1|$ 较小时, 收敛速度很快, 但当 $|\lambda_2/\lambda_1|$ 接近于 1 时, 收敛速度就会很慢. 本小节介绍加速幂法的迭代收敛方法: 原点平移法和 Rayleigh 商加速法.

(一) 原点平移法

原点平移法也称原点位移技术, 它的基本原理是定理 1.6 的结论 (2), 即矩阵 $A-pI$ 的特征值为 A 的特征值减去 p. 记 n 阶矩阵 A 的特征值为 $\lambda_1,\cdots,\lambda_n$, 则对任意常数 p, 矩阵 $B=A-pI$ 的特征值为 $\lambda_1-p,\cdots,\lambda_n-p$, 且方阵 A 与方阵 B 有相同的特征向量.

为求 A 的主特征值 λ_1, 先选择适当的 p, 使得

$$|\lambda_1-p|>|\lambda_2-p|\geqslant\cdots\geqslant|\lambda_n-p|,$$

且

$$\left|\frac{\lambda_2-p}{\lambda_1-p}\right|<\left|\frac{\lambda_2}{\lambda_1}\right|.$$

再对 $B=A-pI$ 运用幂法求出 λ_1-p 及相应的特征向量, 从而得到 λ_1 及相应的特征向量. 这种方法称为原点平移法, 它在计算 λ_1-p 的过程中得到加速.

例 1.1. 设三阶方阵 A 有特征值

$$\lambda_1=12,\quad \lambda_2=10,\quad \lambda_3=8,$$

则当直接用幂法时, 比值 $|\lambda_2/\lambda_1|=5/6$, 但若用原点位移法并取 $p=9$, 则比值大幅度降为 $|\lambda_2-p|/|\lambda_1-p|=1/3$.

采用原点位移技术后, 执行幂法仅带来很少的额外运算, 且 A 的属性变化不大. 但问题是如何选取合适的位移 p 来达到较好的效果?

这依赖于具体矩阵的情况以及对矩阵特征值分布的了解. 本书将看到原点位移技术的漂亮的应用.

(二) Rayleigh 商加速法

这里首先介绍 Rayleigh 商的定义以及它与特征值的关系, 然后介绍 Rayleigh 商加速技术.

定义 1.7. 设 $A=(a_{ij})_{n\times n}$ 为实方阵, 对任一非零向量 $\mathbf{x}\in\mathbb{R}^n$, 称

$$R(\mathbf{x})=\frac{(A\mathbf{x},\mathbf{x})}{(\mathbf{x},\mathbf{x})}=\frac{\mathbf{x}^{\mathrm{T}}A\mathbf{x}}{\mathbf{x}^{\mathrm{T}}\mathbf{x}}$$

为矩阵 A 的关于向量 $\mathbf{x}$ 的 Rayleigh 商.

定理 1.14. 设 A 为 n 阶实对称矩阵, 其特征值排列次序为 $\lambda_1\geqslant\lambda_2\geqslant\cdots\geqslant\lambda_n$, 则

$$\lambda_1=\max_{\mathbf{0}\neq\mathbf{x}\in\mathbb{R}^n}R(\mathbf{x}),\qquad \lambda_n=\min_{\mathbf{0}\neq\mathbf{x}\in\mathbb{R}^n}R(\mathbf{x}).$$

证明 由定理 1.7, λ_i 是实数且 A 有规范正交向量 $\mathbf{u}_i$, 使得

$$A\mathbf{u}_i=\lambda_i\mathbf{u}_i,\quad (\mathbf{u}_i,\mathbf{u}_j)=\delta_{ij},\quad i,j=1,2,\cdots,n.$$

所以, 对任何非零向量 $\mathbf{x}\in\mathbb{R}^n$, 有

$$\mathbf{x}=\sum_{i=1}^{n}\alpha_i\mathbf{u}_i,$$

从而

$$R(\mathbf{x})=\frac{(A\mathbf{x},\mathbf{x})}{(\mathbf{x},\mathbf{x})}=\frac{\left(\sum\limits_{i=1}^{n}\lambda_i\alpha_i\mathbf{u}_i,\sum\limits_{j=1}^{n}\alpha_j\mathbf{u}_j\right)}{\left(\sum\limits_{i=1}^{n}\alpha_i\mathbf{u}_i,\sum\limits_{j=1}^{n}\alpha_j\mathbf{u}_j\right)}=\frac{\sum\limits_{i=1}^{n}\lambda_i\alpha_i^2}{\sum\limits_{i=1}^{n}\alpha_i^2},$$

由此推得 $\lambda_n\leqslant R(\mathbf{x})\leqslant\lambda_1$.

更进一步, 若取 $\mathbf{x}=\mathbf{u}_1$, 则 $R(\mathbf{u}_1)=\lambda_1$; 若取 $\mathbf{x}=\mathbf{u}_n$, 则 $R(\mathbf{u}_n)=\lambda_n$.

定理 1.14 表明, 实对称矩阵的 Rayleigh $R(\mathbf{x})$ 的取值落在特征值的谱范围内, 且与特征向量 $\mathbf{x}$ 对应的 $R(\mathbf{x})$ 等于相应的特征值. 在迭代格式 (1.3) 中, $\mathbf{v}^{(k)} \to \mathbf{u}_1$, 所以自然想到 $R\left(\mathbf{v}^{(k)}\right) \to R\left(\mathbf{u}_1\right)$?

定理 1.15. 设 A 为 n 阶实对称矩阵, 特征值满足

$$|\lambda_1| > |\lambda_2| \geqslant |\lambda_3| \geqslant \cdots \geqslant |\lambda_n|,$$

则由幂法计算格式 (1.3) 得到的向量 $\mathbf{v}^{(k)}$ 的 Rayleigh 商收敛于 λ_1, 且

$$\frac{\left(A\mathbf{v}^{(k)}, \mathbf{v}^{(k)}\right)}{\left(\mathbf{v}^{(k)}, \mathbf{v}^{(k)}\right)} = \lambda_1 + O\left(\left|\frac{\lambda_2}{\lambda_1}\right|^{2k}\right).$$

证明 因为 A 是实对称矩阵, 所以存在规范正交的特征向量系 $\mathbf{u}_1, \mathbf{u}_2, \cdots, \mathbf{u}_n$, 即 $\{\mathbf{u}_i\}$ 满足

$$(\mathbf{u}_i, \mathbf{u}_j) = \mathbf{u}_i^{\mathrm{T}} \mathbf{u}_j = \delta_{ij}.$$

于是由迭代格式 (1.3),

$$\begin{aligned} R\left(\mathbf{v}^{(k)}\right) &= \frac{\left(A\mathbf{v}^{(k)}, \mathbf{v}^{(k)}\right)}{\left(\mathbf{v}^{(k)}, \mathbf{v}^{(k)}\right)} = \frac{\left(A^{k+1}\mathbf{v}^{(0)}, A^k\mathbf{v}^{(0)}\right)}{\left(A^k\mathbf{v}^{(0)}, A^k\mathbf{v}^{(0)}\right)} \\ &= \frac{\alpha_1^2\lambda_1^{2k+1} + \sum\limits_{j=2}^{n} \alpha_j^2 \lambda_j^{2k+1}}{\alpha_1^2\lambda_1^{2k} + \sum\limits_{j=2}^{n} \alpha_j^2 \lambda_j^{2k}} \\ &= \lambda_1 + \frac{\sum\limits_{j=2}^{n} \alpha_j^2 (\lambda_j - \lambda_1)(\lambda_j/\lambda_1)^{2k}}{\alpha_1^2 + \sum\limits_{j=2}^{n} \alpha_j^2 (\lambda_j/\lambda_1)^{2k}} \\ &= \lambda_1 + O\left(\left|\frac{\lambda_2}{\lambda_1}\right|^{2k}\right). \end{aligned}$$

由定理 1.15 可知, $R(\mathbf{v}^{(k)})$ 逼近 λ_1 的误差为 $O\left(\left|\frac{\lambda_2}{\lambda_1}\right|^{2k}\right)$, 显然比幂法的收敛速度要快得多. 所以, 在幂法的每一步迭代中用 Rayleigh 代替可以加速收敛, 这里仅需多做两次向量的内积运算, 增加的计算

量几乎可以忽略. 这里一个自然的想法是, 可否同时利用原点平移法和 Rayleigh 商加速法进一步提高收敛速度? 答案将在本书后面的章节找到. 当然, 由以上说明可知, 幂法的收敛迭代步数严重依赖于初始向量的选取, 而原点平移法又严重依赖于特征值的先验估计, 所以特征值估计在这里将起到关键作用.

三、反幂法

反幂法 (inverse iteration) 基于幂法, 可看作幂法的应用. 反幂法主要用于求方阵 A 的按模长最小的特征值及其对应的特征向量. 设非奇异方阵 A 有 n 个线性无关的特征向量 $\mathbf{u}_1, \mathbf{u}_2, \cdots, \mathbf{u}_n$, 其对应的特征值分别为 $|\lambda_1| \geqslant |\lambda_2| \geqslant \cdots \geqslant |\lambda_{n-1}| > |\lambda_n|$, 由定理 1.6 的结论 (5), A^{-1} 也有特征向量 $\mathbf{u}_1, \mathbf{u}_2, \cdots, \mathbf{u}_n$, 对应的特征值分别为 $|\lambda_1^{-1}| \leqslant |\lambda_2^{-1}| \leqslant \cdots \leqslant |\lambda_{n-1}^{-1}| < |\lambda_n^{-1}|$. 所以 A^{-1} 的主特征值为 λ_n^{-1}. 反幂法的思想就是应用幂法于 A^{-1} 以求得 λ_n^{-1} 和 $\mathbf{u}_n$, 从而求得 A 的按模长最小的特征值及其对应的特征向量. 反幂法的具体格式为: 任取初始向量 $\mathbf{v}^{(0)} \neq \mathbf{0}$(但要求 $\alpha_n \neq 0$), 构造向量序列

$$\begin{cases} A\mathbf{w}^{(1)} = \mathbf{v}^{(0)},\ z^{(1)} = \max\left(\mathbf{w}^{(1)}\right),\ \mathbf{v}^{(1)} = \mathbf{w}^{(1)}/z^{(1)}, \\ A\mathbf{w}^{(k)} = \mathbf{v}^{(k-1)},\ z^{(k)} = \max\left(\mathbf{w}^{(k)}\right),\ \mathbf{v}^{(k)} = \mathbf{w}^{(k)}/z^{(k)}, \\ k = 2, 3, \cdots. \end{cases}$$

于是, 由幂法的分析有

$$\mathbf{v}^{(k)} \to \frac{\mathbf{u}_n}{\max(\mathbf{u}_n)}, \quad k \to \infty,$$

$$z^{(k)} \to \lambda_n^{-1}, \quad k \to \infty.$$

与幂法对应, 反幂法的适用条件是: 矩阵 A 的按模最小的特征值唯一. 对于实矩阵, 满足此条件时这个最小特征值一定是实数, 相

应的特征向量也为实向量. 反幂法与幂法的区别在于主要计算变为 $\mathbf{v} = A^{-1}\mathbf{u}$, 这需要用到线性方程组求解的方法, 其计算量可能比计算矩阵向量乘法 $A\mathbf{u}$ 大很多.

在实际应用中, 若已知矩阵 A 的某个特征值 λ_i 的近似值 $\tilde{\lambda}_i$, 则用反幂法求矩阵的特征值 λ_i 的特征向量 $\mathbf{u}_i$ 并在计算过程中改进近似特征值的精度. 计算格式如下:

$$\begin{cases} \left(A - \tilde{\lambda}_i I\right) \mathbf{w}^{(k)} = \mathbf{v}^{(k-1)}, \ z^{(k)} = \max\left(\mathbf{w}^{(k)}\right), \ \mathbf{v}^{(k)} = \mathbf{w}^{(k)}/z^{(k)}, \\ k = 1, 2, \cdots. \end{cases}$$

于是, 若

$$0 < |\lambda_i - \tilde{\lambda}_i| < |\lambda_j - \tilde{\lambda}_i|, \quad j \neq i,$$

则 $(\lambda_i - \tilde{\lambda}_i)^{-1}$ 是 $(A - \tilde{\lambda}_i I)^{-1}$ 的主特征值, $\mathbf{u}_i$ 是相应的特征向量, 且

$$\mathbf{v}^{(k)} \to \frac{\mathbf{u}_i}{\max(\mathbf{u}_i)}, \quad k \to \infty,$$

$$z^{(k)} \to \frac{1}{\lambda_i - \tilde{\lambda}_i}, \quad k \to \infty,$$

从而

$$\tilde{\lambda}_i + \frac{1}{z^{(k)}} \to \lambda_i, \quad k \to \infty.$$

事实上, 当估计值 $\tilde{\lambda}_i$ 与实际值 λ_i 很接近时, 反幂法只迭代很少的次数即可收敛. 与前面介绍的原点平移法加速幂法不同, 这里 $\tilde{\lambda}_i$ 的选取原则比较明确, 只要它接近某个特征值即可. 这里提到的方法既可以加速反幂法的收敛, 又适用于任意特征值的计算. 此外, 若知道一个近似的特征向量, 则由 Rayleigh 商即可估计其对应的特征值, 取此估计作为推移值应用于推移的反幂法即可得到上述提到的三种技术的算法, 这样不仅可以加速特征值的收敛, 亦可加速特征向量的收敛. 后面将看到这里的一个重要应用.

第三节　约化矩阵的 Householder 方法

参考文献 [19] 收录了 20 世纪的十大算法, 其中的 Householder 算法、 QR 算法和 Krylov 子空间迭代方法都是研究矩阵特征值问题的算法. 参考文献 [34] 介绍了 6 种分解算法, 其中之一便是 Householder 算法. 由定理 1.5 可知, 相似矩阵具有相同的特征值. 这里提到的约化矩阵的 Householder 变换便是一种相似变换, 其主要想法是将一般矩阵 A 约化为形式比较简单的相似矩阵 B, 通过求矩阵 B 的特征值问题来减少求解矩阵 A 的特征值问题的工作量. Householder 算法 (详见参考文献 [24]) 说明, Hermitian 矩阵与实对称的三对角矩阵等谱, 而非对称矩阵与 Hessenberg 矩阵等谱. 本书介绍的便是建立在此 Householder 变换基础之上的算法.

一、 Householder 变换

Householder 变换也称为初等反射变换, 下面先定义 Householder 矩阵. 用 Householder 矩阵左乘一个向量(或矩阵), 即实现 Householder 变换.

定义 1.8. 形如

$$H = I - 2\mathbf{w}\mathbf{w}^{\mathrm{T}} \tag{1.8}$$

的矩阵称为 Householder 矩阵. 其中, I 为 n 阶单位阵, $\mathbf{w}$ 为 n 维实向量, 且 $\mathbf{w}^{\mathrm{T}}\mathbf{w} = 1$.

例 1.2. 对应于 $\mathbf{w} = (w_1, w_2, w_3)^{\mathrm{T}}$ 的 Householder 矩阵为

$$H = \begin{bmatrix} 1-2w_1^2 & -2w_1w_2 & -2w_1w_3 \\ -2w_2w_1 & 1-2w_2^2 & -2w_2w_3 \\ -2w_3w_1 & -2w_3w_2 & 1-2w_3^2 \end{bmatrix}.$$

下面用一个定理总结 Householder 矩阵和 Householder 变换的性质.

定理 1.16. 设 H 为定义 1.8 中的 Householder 矩阵, 则

(1) 矩阵 H 为对称矩阵, 即 $H^{\mathrm{T}} = H$.

(2) 矩阵 H 为正交矩阵, 即 $H^{\mathrm{T}}H = I$.

(3) Householder 变换实现向量在线性空间中的"镜面反射", 即 $H\mathbf{x}$ 是向量 $\mathbf{x}$ 对应于法向量为 $\mathbf{w}$ 的超平面的镜像. 这里的 $\mathbf{w}$ 为式 (1.8) 中构造矩阵 H 所用的向量.

定理 1.16 的结论 (1)(2) 说明 Householder 矩阵是一种特殊的非奇异矩阵, 它的逆矩阵等于它本身, 即 $H^2 = I$. 下面以三维实向量空间为例, 对结论 (3) 说明 Householder 变换的几何意义.

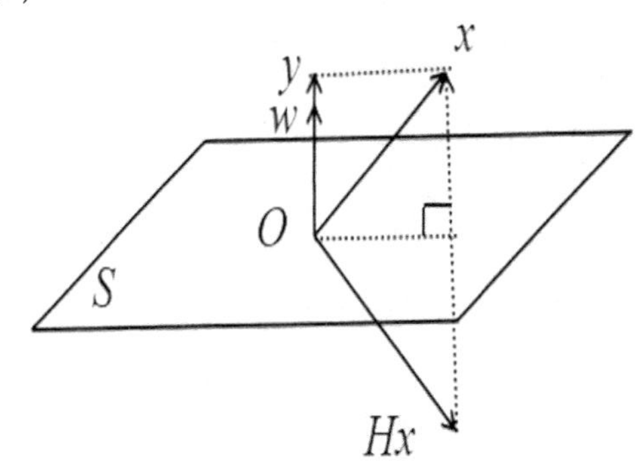

图 1.1 Householder 变换实现向量的镜面反射

如图 1.1 所示, 向量 $\mathbf{w}$ 和 $\mathbf{x}$ 的起点都在三维坐标系的原点, 以 $\mathbf{w}$ 为法向量做一平面 S, $\mathbf{w}$ 为单位长度向量, $\mathbf{x}$ 为不在平面 S 内的任意向量, 则

$$\begin{aligned} H\mathbf{x} &= (I - 2\mathbf{w}\mathbf{w}^{\mathrm{T}})\mathbf{x} = \mathbf{x} - 2\mathbf{w}\mathbf{w}^{\mathrm{T}}\mathbf{x} \\ &= \mathbf{x} - 2(\mathbf{w}^{\mathrm{T}}\mathbf{x})\mathbf{w}. \end{aligned}$$

考察图中向量 $\mathbf{x}$ 在 $\mathbf{w}$ 方向的投影向量 $\mathbf{y}$, 根据向量内积的定义知,

$$\begin{aligned} &< \mathbf{x}, \mathbf{w} > = \|\mathbf{w}\|_2 \|\mathbf{y}\|_2 = \|\mathbf{y}\|_2 \\ &\Rightarrow \|\mathbf{y}\|_2 = < \mathbf{x}, \mathbf{w} > = \mathbf{x}^{\mathrm{T}}\mathbf{w} = \mathbf{w}^{\mathrm{T}}\mathbf{x}. \end{aligned}$$

又因为向量 $\mathbf{y}$ 和 $\mathbf{w}$ 方向相同, 则 $(\mathbf{w}^{\mathrm{T}}\mathbf{x})\mathbf{w} = \mathbf{y}$, 于是

$$H\mathbf{x} = \mathbf{x} - 2\mathbf{y}.$$

由图 1.1 可知, $2\mathbf{y}$ 为虚线表示的向量, 由此得到 $H\mathbf{x}$ 与 $\mathbf{x}$ 关于平面 S 镜像对称.

下面给出两个定理, 它们是通过 Householder 变换实现矩阵的正交三角化的基础.

定理 1.17. 对任意向量 $\mathbf{x}, \mathbf{y} \in \mathbb{R}^n$, 若 $\|\mathbf{x}\|_2 = \|\mathbf{y}\|_2$. 则总存在 Householder 矩阵 H, 使得

$$H\mathbf{x} = \mathbf{y}.$$

定理 1.18. 设 $\mathbf{x} = [x_1, x_2, \cdots, x_n]^{\mathrm{T}} \neq \mathbf{0}$, 则存在 Householder 矩阵 H, 使得 $H\mathbf{x} = -\sigma\mathbf{e}_1$, 其中,

$$\sigma = \operatorname{sgn}(x_1)\|\mathbf{x}\|_2, \quad \mathbf{e}_1 = [1, 0, \cdots, 0]^{\mathrm{T}}, \quad \operatorname{sgn}(x_1) = \begin{cases} 1, & x_1 \geqslant 0, \\ -1, & x_1 < 0. \end{cases}$$

定理 1.17 的证明是构造性的, 假设单位长度向量 $\mathbf{w} = (\mathbf{x} - \mathbf{y})/\|\mathbf{x} - \mathbf{y}\|_2$, 则可证明由它生成的 $H = I - 2\mathbf{w}\mathbf{w}^{\mathrm{T}}$ 能使 $H\mathbf{x} = \mathbf{y}$. 这通过 Householder 变换的几何意义很容易理解. Householder 变换实现镜面反射, 向量 $\mathbf{x}$ 和 $\mathbf{y}$ 关于镜面是对称的, 所以镜面的法向必然是沿着 $\mathbf{x} - \mathbf{y}$ 的方向, 或其反方向. 因此可构造出向量 $\mathbf{w}$ 和满足要求的矩阵 H. 另外, 可证满足要求的 Householder 矩阵是唯一的.

定理 1.18 可看成定理 1.17 的推论, 因为 $\|-\sigma\mathbf{e}_1\|_2 = |\sigma| = \|\mathbf{x}\|_2$. 因此, 构造满足定理要求的 Householder 矩阵时, 可取向量 $\mathbf{w} = (\mathbf{x} + \sigma\mathbf{e}_1)/\|\mathbf{x} + \sigma\mathbf{e}_1\|$.

注 1.19. (1) Householder 变换是一种保模长变换, 定理 1.18 可看成一种消元方法, 即将向量 $\mathbf{x}$ 中除第一个分量外的其他分量均变为 0. 也可构造 Householder 矩阵 H, 使得 $H\mathbf{x}$ 的后 $n - m$ 个分量为零.

(2) 在求 $\mathbf{w}$ 的第一个分量时, $x_1 + \operatorname{sgn}(x_1)\|\mathbf{x}\|_2$ 是两个同号的数相加, 不会发生“抵消”现象. 因此公式 $H\mathbf{x} = -\sigma\mathbf{e}_1$ 的等号右边的

“$-$”号是为了减少计算的舍入误差，从而保持计算稳定. 变换后向量的第一个分量改变了符号. 此外，为了防止 $\sum_{i=1}^{n} x_i^2$ 过大而发生溢出，可进一步改进如下：令

$$\eta = \max_{1\leqslant i\leqslant n} |x_i|, \quad \mathbf{y} = \frac{\mathbf{x}}{\eta}, \quad \sigma_1 = \|\mathbf{y}\|_2 \mathrm{sgn}(y_1), \quad \mathbf{v} = \mathbf{y} + \sigma_1 \mathbf{e_1},$$

则由 $H\mathbf{x} = -\sigma\mathbf{e}_1$ 得

$$H\mathbf{x} = -\eta\sigma_1\mathbf{e}_1,$$

$$\mathbf{w} = \frac{\mathbf{v}}{\|\mathbf{v}\|_2}, \quad H = I - \beta^{-1}\mathbf{v}\mathbf{v}^{\mathrm{T}},$$

其中

$$\beta = \frac{1}{2}\|\mathbf{v}\|_2^2 = \sigma_1(\sigma_1 + y_1).$$

(3) 若 n 阶方阵 A 满足 $A^* = A$，则称方阵 A 为埃尔米特 (Hermite) 矩阵. 其中 A^* 为矩阵 A 的共轭转置矩阵. 记 $M(n, \mathbb{C})$ 为 n 阶复方阵集合. 定义 n 阶酉矩阵集合为

$$U(n, \mathbb{C}) = \{U \in M(n, \mathbb{C}) | U^*U = I_n\}.$$

给定向量 $\mathbf{u} \in \mathbb{C}^n$ 且 $\|\mathbf{u}\|_2 = 1$，称 n 阶方阵

$$D_n = I_n + \mathbf{u}(\kappa - 1)\mathbf{u}^*$$

为扩展反射矩阵 (extended reflection matrix)，其中 $\kappa \in \mathbb{C}$ 且 $|\kappa| = 1$. 可见扩展反射矩阵是 Householder 矩阵对复矩阵的情形的自然推广，对于定理 1.17 亦有对复向量的推广：

对任意向量 $\mathbf{x}, \mathbf{y} \in \mathbb{C}^n$，若 $\|\mathbf{x}\|_2 = \|\mathbf{y}\|_2$，则总存在扩展反射矩阵 $D \in U(n, \mathbb{C})$，使得

$$D\mathbf{x} = \mathbf{y}.$$

这里 D 的构造如下：

$$\mathbf{u} = \frac{\mathbf{x} - \mathbf{y}}{\|\mathbf{x} - \mathbf{y}\|_2}, \quad \kappa = (\mathbf{x} - \mathbf{y}, \mathbf{y})(\mathbf{x} - \mathbf{y}, \mathbf{x})^{-1}.$$

例 1.3. (Householder 变换)　确定一个 Householder 变换, 用以消去下面向量中除第一个分量以外的分量

$$\mathbf{x} = \begin{bmatrix} 2 \\ 1 \\ 2 \end{bmatrix}.$$

解　由定理 1.18 知, $\sigma = \operatorname{sgn}(x_1)\|\mathbf{x}\|_2 = 3$, 构造向量

$$\mathbf{v} = \mathbf{x} + \sigma \mathbf{e_1} = \begin{bmatrix} 2 \\ 1 \\ 2 \end{bmatrix} + \begin{bmatrix} 3 \\ 0 \\ 0 \end{bmatrix} = \begin{bmatrix} 5 \\ 1 \\ 2 \end{bmatrix},$$

取 $\mathbf{w} = \mathbf{v}/\|\mathbf{v}\|_2$ 用以构造 Householder 矩阵 H. 因此,

$$\begin{aligned} H\mathbf{x} &= \mathbf{x} - 2(\mathbf{w}^{\mathrm{T}}\mathbf{x}) \cdot \mathbf{x} \\ &= \mathbf{x} - 2\frac{\mathbf{v}^{\mathrm{T}}\mathbf{x}}{\mathbf{v}^{\mathrm{T}}\mathbf{v}}\mathbf{v} \\ &= \begin{bmatrix} 2 \\ 1 \\ 2 \end{bmatrix} - 2 \times \frac{15}{30} \times \begin{bmatrix} 5 \\ 1 \\ 2 \end{bmatrix} = \begin{bmatrix} -3 \\ 0 \\ 0 \end{bmatrix}. \end{aligned}$$

这里没有生成矩阵 H 和向量 $\mathbf{w}$, 而是用一个与 $\mathbf{w}$ 同方向的向量 $\mathbf{v}$ 表示 Householder 变换, 此方法给计算 Householder 变换的结果带来方便, 因为

$$H\mathbf{x} = \left(I - 2\frac{\mathbf{v}\mathbf{v}^{\mathrm{T}}}{\mathbf{v}^{\mathrm{T}}\mathbf{v}}\right)\mathbf{x} = \mathbf{x} - 2\frac{\mathbf{v}^{\mathrm{T}}\mathbf{x}}{\mathbf{v}^{\mathrm{T}}\mathbf{v}}\mathbf{v}$$

所以, 只需要计算向量 $\mathbf{v}$ 与 $\mathbf{x}$ 的内积, 而不需要计算矩阵与向量的乘法.

二、约化矩阵为上 Hessenberg 矩阵

定义 1.9. 若方阵 $A=(a_{ij})_{n\times n}$ 满足条件:

$$a_{ij}=0, \qquad i\geqslant j+2,$$

则称 A 为上 Hessenberg 矩阵.

下面介绍约化实方阵 $A=(a_{ij})_{n\times n}$ 为上 Hessenberg 矩阵的方法. 记 $\mathbf{e}_k=(1,0,\cdots,0)^{\mathrm{T}}$ 为 $n-k$ 维单位向量.

第一步约化 改写 A 为分块形式:

$$A=\begin{bmatrix} a_{11} & A_{12} \\ A_{21} & A_{22} \end{bmatrix} \triangleq A_0,$$

其中, $A_{21}=\mathbf{b}_0=(a_{21},a_{31},\cdots,a_{n1})^{\mathrm{T}}\in\mathbb{R}^{n-1}$, 不妨设 $\mathbf{b}_0\neq\mathbf{0}$, 否则这一步不需要约化. 于是, 由前面的讨论知, 可选取 Householder 矩阵 $\bar{H}_1=I_{n-1}-\beta_1^{-1}\mathbf{v}_1\mathbf{v}_1^{\mathrm{T}}$, 使得

$$\bar{H}_1\mathbf{b}_0=(-\eta_1\sigma_1,0,\cdots,0)^{\mathrm{T}},$$

其中,

$$\begin{cases} \eta_1=\max\limits_{2\leqslant i\leqslant n}|a_{i1}|, \quad \sigma_1=\|\widetilde{\mathbf{b}}_0\|_2\mathrm{sgn}(a_{21}), \quad \widetilde{\mathbf{b}}_0=\dfrac{\mathbf{b}_0}{\eta_1} \\ \mathbf{v}_1=\widetilde{\mathbf{b}}_0+\sigma_1\mathbf{e}_1, \quad \beta_1=\sigma_1\left(\sigma_1+\dfrac{a_{21}}{\eta_1}\right). \end{cases}$$

于是 Householder 矩阵

$$H_1=\begin{bmatrix} 1 & 0 \\ 0 & \bar{H}_1 \end{bmatrix},$$

约化 A 为

$$A_1 = H_1 A_0 H_1 = \begin{bmatrix} a_{11} & A_{12}\bar{H}_1 \\ \bar{H}_1 A_{21} & \bar{H}_1 A_{22} \bar{H}_1 \end{bmatrix}$$

$$= \begin{bmatrix} a_{11} & a_{12}^{(1)} & \cdots & a_{1n}^{(1)} \\ -\eta_1\sigma_1 & a_{22}^{(1)} & \cdots & a_{2n}^{(1)} \\ 0 & a_{32}^{(1)} & \cdots & a_{3n}^{(1)} \\ \vdots & \vdots & & \vdots \\ 0 & a_{n2}^{(1)} & \cdots & a_{nn}^{(1)} \end{bmatrix} \triangleq \begin{bmatrix} A_{11}^{(1)} & A_{12}^{(1)} \\ A_{21}^{(1)} & A_{22}^{(1)} \end{bmatrix},$$

其中, $A_{11}^{(1)}$ 为二阶方阵, $A_{21}^{(1)} = [\mathbf{0}, \mathbf{b}_1]$, $\mathbf{b}_1 = [a_{32}^{(1)}, a_{42}^{(1)}, \cdots, a_{n2}^{(1)}]^{\mathrm{T}}$.

第 k 步约化 设对 A 已完成了第 1 步,$\cdots$, 第 $k-1$ 步约化, 即有

$$A_{k-1} = H_{k-1} A_{k-2} H_{k-1} = H_{k-1} H_{k-2} \cdots H_1 A_0 H_1 \cdots H_{k-2} H_{k-1},$$

且

$$A_{k-1} = \begin{bmatrix} a_{11} & a_{12}^{(1)} & \cdots & a_{1,k-1}^{(k-2)} & a_{1k}^{(k-1)} & a_{1,k+1}^{(k-1)} & \cdots & a_{1,n}^{(k-1)} \\ -\eta_1\sigma_1 & a_{22}^{(1)} & \cdots & a_{2,k-1}^{(k-2)} & a_{2k}^{(k-1)} & a_{2,k+1}^{(k-1)} & \cdots & a_{2,n}^{(k-1)} \\ & \ddots & \ddots & \vdots & \vdots & \vdots & & \vdots \\ & & \ddots & a_{k-1,k-1}^{(k-2)} & a_{k-1,k}^{(k-1)} & a_{k-1,k+1}^{(k-1)} & \cdots & a_{k-1,n}^{(k-1)} \\ & & & -\eta_{k-1}\sigma_{k-1} & a_{kk}^{(k-1)} & a_{k,k+1}^{(k-1)} & \cdots & a_{kn}^{(k-1)} \\ & & & & a_{k+1,k}^{(k-1)} & a_{k+1,k+1}^{(k-1)} & \cdots & a_{k+1,n}^{(k-1)} \\ & & & & \vdots & \vdots & & \vdots \\ & & & & a_{nk}^{(k-1)} & a_{n,k+1}^{(k-1)} & \cdots & a_{nn}^{(k-1)} \end{bmatrix}$$

$$\triangleq \begin{bmatrix} A_{11}^{(k-1)} & A_{12}^{(k-1)} \\ A_{21}^{(k-1)} & A_{22}^{(k-1)} \end{bmatrix},$$

其中, $A_{11}^{(k-1)}$ 为 k 阶上 Hessenberg 矩阵, $A_{22}^{(k-1)}$ 为 $n-k$ 阶方阵, $(n-k)\times k$ 阶矩阵 $A_{21}^{(k-1)}=[\mathbf{O},\mathbf{b}_{k-1}]$, $\mathbf{b}_{k-1}=(a_{k+1,k}^{(k-1)},a_{k+2,k}^{(k-1)},\cdots,a_{n,k}^{(k-1)})^{\mathrm{T}}\in\mathbb{R}^{n-k}$.

不妨设 $\mathbf{b}_{k-1}\neq\mathbf{0}$, 于是又可选取 Householder 矩阵 $\bar{H}_k=I_{n-k}-\beta_k^{-1}\mathbf{v}_k\mathbf{v}_k^{\mathrm{T}}$, 使得

$$\bar{H}_k\mathbf{b}_{k-1}=(-\eta_k\sigma_k,0,\cdots,0)^{\mathrm{T}},$$

其中,

$$\begin{cases}\eta_k=\max\limits_{k+1\leqslant i\leqslant n}|a_{ik}^{(k-1)}|, \quad \sigma_k=\|\widetilde{\mathbf{b}}_{k-1}\|_2\mathrm{sgn}(a_{k+1,k}^{(k-1)}), \quad \widetilde{\mathbf{b}}_{k-1}=\dfrac{\mathbf{b}_{k-1}}{\eta_k}\\ \mathbf{v}_k=\widetilde{\mathbf{b}}_{k-1}+\sigma_k\mathbf{e}_k, \quad \beta_k=\sigma_k\left(\sigma_k+\dfrac{a_{k+1,k}^{(k-1)}}{\eta_k}\right).\end{cases}$$

于是 Householder 矩阵

$$H_k=\begin{bmatrix}I_k & \mathbf{O}\\ \mathbf{O} & \bar{H}_k\end{bmatrix},$$

约化 A_{k-1} 为

$$\begin{aligned}A_k=H_kA_{k-1}H_k&=\begin{bmatrix} & A_{11}^{(k-1)} & A_{12}^{(k-1)}\bar{\mathbf{H}}_k\\ \mathbf{O} & \bar{\mathbf{H}}_k\mathbf{b}_{k-1} & \bar{\mathbf{H}}_kA_{22}^{(k-1)}\bar{\mathbf{H}}_k\end{bmatrix}\\ &\triangleq\begin{bmatrix} & A_{11}^{(k)} & A_{12}^{(k)}\\ \mathbf{O} & \mathbf{b}_k & A_{22}^{(k)}\end{bmatrix},\end{aligned} \tag{1.9}$$

其中, $A_{11}^{(k)}$ 为 $k+1$ 阶上 Hessenberg 矩阵, $A_{22}^{(k)}$ 为 $n-k-1$ 阶方阵, 而

$$\mathbf{b}_k=(a_{k+2,k+1}^{(k)},a_{k+3,k+1}^{(k)},\cdots,a_{n,k+1}^{(k)})^{\mathrm{T}}\in\mathbb{R}^{n-k-1}.$$

第 k 步约化只需计算 $A_{12}^{(k-1)}\bar{\mathbf{H}}_k$ 与 $\bar{\mathbf{H}}_kA_{22}^{(k-1)}\bar{\mathbf{H}}_k$, 当 A 为对称矩阵时, A_{k-1} 也为对称矩阵, 从而只需计算 $\bar{\mathbf{H}}_kA_{22}^{(k-1)}\bar{\mathbf{H}}_k$.

如此继续约化下去，最后可得到 $Q = H_1 H_2 \cdots H_{n-2}$，使得 $Q^{\mathrm{T}}AQ$ 为上 Hessenberg 矩阵. 于是得到如下结论.

定理 1.20. 对任何 n 阶实方阵 A，可构造正交矩阵 $Q = H_1 H_2 \cdots H_{n-2}$，使得 $Q^{\mathrm{T}}AQ$ 为上 Hessenberg 矩阵，其中 $H_1, H_2, \cdots, H_{n-2}$ 均为 Householder 矩阵.

推论 1.21. 设 A 为 n 阶对称实方阵，则可构造正交矩阵 $Q = H_1 H_2 \cdots H_{n-2}$，使得 $Q^{\mathrm{T}}AQ$ 为对称三对角矩阵，其中 $H_1, H_2, \cdots, H_{n-2}$ 均为 Householder 矩阵.

证明 由定理 1.20，可构造正交矩阵 $Q = H_1 H_2 \cdots H_{n-2}$，使得 $G = Q^{\mathrm{T}}AQ$ 为上 Hessenberg 矩阵. 由 A 的对称性得 $G^{\mathrm{T}} = Q^{\mathrm{T}}A^{\mathrm{T}}Q = G$，即 G 为对称的上 Hessenberg 矩阵，从而是对称三对角矩阵.

在约化对称矩阵 A 为对称三对角矩阵的过程中，由式 (1.9)，第 k 步约化只需计算 $\bar{\mathbf{H}}_k A_{22}^{(k-1)} \bar{\mathbf{H}}_k$ 的对角线及以下元素. 注意到

$$\bar{\mathbf{H}}_k A_{22}^{(k-1)} \bar{\mathbf{H}}_k = (I_{n-k} - \beta_k^{-1}\mathbf{v}_k\mathbf{v}_k^{\mathrm{T}})(A_{22}^{(k-1)} - \beta_k^{-1}A_{22}^{(k-1)}\mathbf{v}_k\mathbf{v}_k^{\mathrm{T}}),$$

并引入记号

$$\mathbf{r}_k = \beta_k^{-1}A_{22}^{(k-1)}\mathbf{v}_k \in \mathbb{R}^{n-k}, \quad \mathbf{t}_k = \mathbf{r}_k - \frac{1}{2}\beta_k^{-1}(\mathbf{v}_k^{\mathrm{T}}\mathbf{r}_k)\mathbf{v}_k \in \mathbb{R}^{n-k},$$

则

$$\beta_k^{-1} = A_{22}^{(k-1)} - \mathbf{v}_k\mathbf{t}_k^{\mathrm{T}} - \mathbf{t}_k\mathbf{v}_k^{\mathrm{T}}.$$

对于 Hermite 矩阵，亦有类似结果，我们列在此处以便后续引用. 下面的证明来自参考文献 [37].

引理 1.22. 设 $\mathbf{x}, \mathbf{y} \in \mathbb{C}^n$ 满足 $\|\mathbf{x}\| = \|\mathbf{y}\|$，则存在扩展反射矩阵 D 使得 $D\mathbf{x} = \mathbf{y}$.

证明 不妨设 $\mathbf{x} \neq \mathbf{y}$，因为 $\|\mathbf{x}\| = \|\mathbf{y}\|$，所以 $\|\mathbf{x} - \mathbf{y}\| \neq 0$ 且 $(\mathbf{x} - \mathbf{y}, \mathbf{x}) \neq 0$. 令 $\mathbf{u} = \dfrac{\mathbf{x} - \mathbf{y}}{\|\mathbf{x} - \mathbf{y}\|}$ 且 $\kappa = (\mathbf{x} - \mathbf{y}, \mathbf{y})(\mathbf{x} - \mathbf{y}, \mathbf{x})^{-1}$，则

$\|\mathbf{u}\| = 1$ 且 $|\kappa| = 1$. 事实上, $\|\mathbf{x}\|^2 - \mathbf{x}^*\mathbf{y} = \|\mathbf{x}\|^2 - \mathbf{x}^*\mathbf{y} = \|\mathbf{x}\|^2 - \mathbf{y}^*\mathbf{x}$, 所以 $|\|\mathbf{x}\|^2 - \mathbf{x}^*\mathbf{y}| = |\|\mathbf{x}\|^2 - \mathbf{y}^*\mathbf{x}|$, 即 $|\kappa| = 1$. 因此, 当 $D = I + \mathbf{u}(\kappa - 1)\mathbf{u}^*$ 时, 有

$$\begin{aligned}
D\mathbf{x} &= \mathbf{x} + \frac{1}{\|\mathbf{x}-\mathbf{y}\|^2}(\mathbf{x}-\mathbf{y})(\kappa - 1)(\mathbf{x}-\mathbf{y})^*\mathbf{x} \\
&= \mathbf{x} + \frac{1}{\|\mathbf{x}-\mathbf{y}\|^2}(\mathbf{x}-\mathbf{y})\left[(\mathbf{x}-\mathbf{y},\mathbf{y})(\mathbf{x}-\mathbf{y},\mathbf{x})^{-1} - 1\right](\mathbf{x}-\mathbf{y},\mathbf{x}) \\
&= \mathbf{x} + \frac{1}{\|\mathbf{x}-\mathbf{y}\|^2}(\mathbf{x}-\mathbf{y})\left[(\mathbf{x}-\mathbf{y},\mathbf{y}) - (\mathbf{x}-\mathbf{y},\mathbf{x})\right] \\
&= \mathbf{x} + (\mathbf{y}-\mathbf{x}) \\
&= \mathbf{y}.
\end{aligned}$$

第四节　有限状态马氏链相关概念

假设 $E = \{0, 1, \cdots, N\}$ $(N < \infty)$ 为有限状态空间. 本书关心一类随机过程: 连续时间有限状态空间上的马氏链 (也称为 Q 过程). 本节首先介绍其定义.

定义 1.10. 设随机过程 $\{X(t),\ t \geqslant 0\}$ 的状态空间为 E, 如果对任意的 $s, t \geqslant 0$, 任意 $i, j, k(\tau) \in E$, 以及 $0 \leqslant \tau < s$, 均有

$$\begin{aligned}
&P\{X(s+t) = j | X(s) = i, X(\tau) = k(\tau), 0 \leqslant \tau < s\} \\
&\qquad = P\{X(s+t) = j | X(s) = i\},
\end{aligned}$$

则称 $\{X(t), t \geqslant 0\}$ 为连续参数马尔可夫链. 记 $P\{X(s+t) = j | X(s) = i\}$ 为 $p_{ij}(s,t)$, 即

$$p_{ij}(s,t) = P\{X(s+t) = j | X(s) = i\}.$$

如果 $p_{ij}(s,t)$ 与 s 无关, 则称 $\{X(t), t \geqslant 0\}$ 为连续参数齐次马尔可夫链, 并记 $p_{ij}(s,t)$ 为 $p_{ij}(t)$, 即

$$p_{ij}(s,t) = P\{X(s+t) = j|X(s) = i\} = P\{X(t) = j|X(0) = i\}.$$

记 $P(t) = (p_{ij}(t))$ 并称之为转移概率矩阵, 它具有如下性质:

1. 非负性: $P(t) \geqslant 0, \quad t \geqslant 0$;

2. 规范条件: $P(t)\mathbf{1} = \mathbf{1}$, 即 $\sum\limits_j p_{ij}(t) = 1, \quad t \geqslant 0$;

3. Chapman-Kolmogorov 方程: $P(t+s) = P(t)P(s)$;

4. 连续性条件 (跳条件): $\lim\limits_{t\to 0} P(t) = I = (\delta_{ij})$.

下面介绍连续参数齐次马尔可夫链的密度矩阵. 读者可在相关经典教科书或参考文献中找到证明.

定理 1.23. (1) $\lim\limits_{t\to 0^+} \dfrac{1}{t}[1 - p_{ii}(t)] = q_i, \ i \in E.$

(2) $\lim\limits_{t\to 0^+} \dfrac{p_{ij}(t)}{t} = q_{ii}(t), \ i,j \in E, i \neq j.$

定理 1.23 中的矩阵 $Q = (q_{ij})$ 称为半群 $P(t)$ 的密度矩阵, 亦称为 Q 矩阵. 事实上, Q 矩阵 $Q = (q_{ij})_{i,j\in E}$ 满足

$$q_i = -q_{ii} \in [0,\infty], \qquad q_{ij} \in [0,\infty), \quad j \neq i, \quad 且 \quad \sum_{j\neq i} q_{ij} \leqslant q_i.$$

留心 q_i 可以为 ∞, 而且可能出现 $\sum\limits_{j\neq i} q_{ij} < q_i$. 这在数学上产生许多困难, 好在实际中没这么复杂.

定义 1.11. 称 Q 矩阵 $Q = (q_{ij})_{i,j\in E}$

全稳定: 如对一切 $i, q_i < \infty$;

保守: 如对一切 i, $\sum\limits_{j\neq i} q_{ij} = q_i (\Longleftrightarrow \sum\limits_j q_{ij} = 0)$.

本书总假设给定的 Q 矩阵全稳定且保守. 由 Chapman-Kolmogorov 方程 $P(t+s) = P(t)P(s)$ 出发, 分别关于 t 和 s 在零点求导, 可得两

个形式上的微分方程:

$$
\begin{aligned}
&\text{向前方程} \qquad && P'(t) = QP(t),\\
&\text{向后方程} \qquad && P'(t) = P(t)Q.
\end{aligned}
$$

在实际中, 我们知道的往往是 Q 矩阵, 而非过程的转移半群 $P(t)$, 所以寻找马氏过程的转移半群 $P(t)$ 即求解以上两个有限维微分方程组.

定义 1.12. 称满足定义 1.10 中的条件 1, 2, 3, 4 及 $P(t)\mathbf{1} \leqslant \mathbf{1}$ 的 $P(t)$ 为 Q 过程, 倘若 $P'(t)|_{t=0} = Q$.

给定全稳定且保守的 Q 矩阵 $Q = (q_{ij})$, 若其对应的半群 $P(t)$ 唯一, 则称此 Q 矩阵正则. 接下来介绍 [15; §2.3] 中定义的单生过程和单死过程的概念.

定义 1.13. 称 $Q = (q_{ij} : i, j \in \mathbb{Z}_+)$ 为单生 Q 矩阵, 若 $q_{i,i+1} > 0$ 但 $q_{i,i+j} = 0, i \geqslant 0, j \geqslant 2$. 对偶地, 称 $Q = (q_{ij} : i, j \in \mathbb{Z}_+)$ 为单死 Q 矩阵, 若 $q_{i,i-1} > 0$, $i \geqslant 1$ 但 $q_{i,i-j} = 0, i \geqslant 2, j \geqslant 2$. 特别地, 称 Q 为生灭 Q 矩阵, 若 $q_{i,i+1} = b_i > 0(i \geqslant 0)$, $q_{i,i-1} = a_i > 0$, 而且对一切 $|i-j| \geqslant 2$, $q_{ij} = 0$. 具有单生(死) Q 矩阵生成元的马氏链为单生(死)马氏链, 具有生灭 Q 矩阵生成元的马氏链称为生灭马氏链.

单生过程和单死过程是非对称过程的代表. 本书假设状态空间有限. 可见, 有限单生(死) Q 矩阵是一类 Hessenberg 矩阵. 后面将会有更细致的划分. 对于有限状态的马氏链, 向前方程和向后方程均成立, 且

$$
P(t) = \mathrm{e}^{Qt} = \sum_{n=0}^{\infty} \frac{(Qt)^n}{n!}.
$$

因此, 马氏链的转移半群 $P(t)$ 的特征值可由其生成元 Q 的特征值刻画. 下面给出可逆过程的定义.

定义 1.14. 称 $(X_t)_{t\geqslant 0}$ 可逆, 若对一切 $0 \leqslant t_1 < t_2 < \cdots < t_n$ 和 $i_1, \cdots, i_n$, 只要

$$t_n - t_{n-1} = t_2 - t_1,\ t_{n-1} - t_{n-2} = t_3 - t_2, \cdots$$

就有

$$\mathbb{P}[X_{t_1} = i_1, \cdots, X_{t_n} = i_n] = \mathbb{P}[X_{t_1} = i_n, \cdots, X_{t_n} = i_1].$$

即时间的倒转对于过程的分布并无区别, 统计物理中称之为细致平衡.

特别地, 若初分布为 (π_i), 则由

$$\mathbb{P}[X_0 = i, X_t = j] = \mathbb{P}[X_0 = j, X_t = i]$$

可得

$$\pi_i p_{ij}(t) = \pi_j p_{ji}(t).$$

定义 1.15. 称 $P(t)$ 关于 π 可配称, 如对一切 $t \geqslant 0$, 有

$$\pi_i p_{ij}(t) = \pi_j p_{ji}(t).$$

称 Q 关于 π 可配称, 如

$$\pi_i q_{ij} = \pi_j q_{ji}.$$

关于 $P(t)$ 和 Q 的可配称性, 有以下定理:

定理 1.24. (存在定理 1970's) $P^{\min}(t)$ 关于 π 可配称 $\Longleftrightarrow$ Q 关于 π 可配称.

给定有限状态马氏链, 设其转移半群为 $P(t) = (p_{ij}(t))_{i,j\in E}$, 有极限

$$\lim_{t\to\infty} p_{ij}(t) = \pi_j \geqslant 0,$$

与 i 无关. 概率中关心的一个经典问题为 Q 过程的常返性与遍历性. 本书特征值计算方法与遍历性相关, 因此给出遍历性的简单介绍.

定义 1.16. (1) 称 $P(t)$ 常返, 若对一切 $h>0$, 离散链 $P(h)$ 常返 $\Longleftrightarrow \int_0^\infty p_{ii}(t)dt=\infty$.

(2) 称 $P(t)$ 遍历, 若对一切 $h>0$, 离散链 $P(h)$ 遍历 $\lim\limits_{t\to\infty}p_{ij}(t)=\pi_j>0$.

连续时间马氏链的常返性归结为离散时间马氏链的常返. 对于正常返性, 这种关系不再保持且不可比较. 过程正常返可在相关参考文献中找到如下结论.

定理 1.25. 过程正常返当且仅当如下方程解唯一:

$$\pi_i>0,\quad \sum_i\pi_i=1,\quad \sum_i\pi_iq_{ij}=0,\quad i,j\in E.$$

可见 $P(t)$ 的正常返性(即遍历性)从 Q 的线性方程组中可以得出, 此时上述方程组的解 π 对应过程的平稳分布. 称链指数遍历(指数衰减), 如果存在常数 $\alpha>0$ 及 $c_{ij}<\infty$, 使得 $|p_{ij}(t)-\pi_j|\leqslant c_{ij}e^{-\alpha t}$ 对于一切 $i,j\in E$ 和 $t\geqslant 0$ 都成立. 最佳(即最大)的 α 称为指数遍历(衰减)速度. 关于过程的指数遍历(指数衰减)性亦可从 Q 的信息中得出. 如生灭过程在非遍历情形的指数式衰减速度由其生成元的最小特征值决定, 而遍历情形的指数式收敛速度由其生成元的谱空隙决定.

下面介绍本书后面将用到的矩阵特征值的相关内容. 由于不可约对角占优矩阵是可逆的, 所以不可约全稳定非保守的 Q 矩阵是可逆的. 这里给出概率方法的一个结论. 见如下引理 1.26.

引理 1.26. ([13;引理 21]) 设 Q 是状态空间 E 上的 Q 矩阵 (不必要保守), 对应于某半群$\{P(t)\}_{t\geqslant 0}$. 则 $(-Q)$ 的逆存在并且逐点非负(亦可能为 ∞). 进一步, 若 Q 不可约且 $\{P(t)\}$ 暂留, 则 $(-Q)^{-1}$ 逐点为正且有限.

证明　在逐点意义下, 有 $\{P(t)\}$ 的预解式:

$$R(\lambda)=\int_0^\infty e^{-\lambda t}P(t)dt\geqslant 0.$$

由 [36; §4.3, 定理 5] 或 [20; 定理 1.7] 知, 在逐点意义下, 有

$$R(\lambda)=(\lambda I-Q)^{-1}.$$

由单调收敛定理可得

$$(-Q)^{-1}=\lim_{\lambda\downarrow 0}R(\lambda)=\int_0^\infty P(t)dt.$$

由不可约性, 知

$$(-Q)^{-1}>0,$$

又由不可约性和暂留性, 知

$$(-Q)^{-1}<\infty.$$

参见 [15; §2.2].

后面需要用到 Perron-Frobenius 定理 [15; §1.1] 和 Collatz-Wielandt 公式, 下面以定理的形式不加证明地列出.

定理 1.27. (Perron-Frobenius定理)　不可约、非负方阵 A 的主特征根 ρ 为正, 而且它所对应的左、右特征向量 $\mathbf{u}$(行向量) 和 $\mathbf{v}$(列向量) 也都是正的.

定理 1.28. (Collatz-Wielandt公式)　给定不可约非负矩阵 A, 记 A 的主特征根为 $\rho(A)$, 则 $\rho(A)$ 的如下变分公式成立

$$\sup_{\mathbf{x}>\mathbf{0}}\min_{i\in E}\frac{(A\mathbf{x})_i}{\mathbf{x}_i}=\rho(A)=\inf_{\mathbf{x}>\mathbf{0}}\max_{i\in E}\frac{(A\mathbf{x})_i}{\mathbf{x}_i}.$$

给定不可约全稳定非保守的 Q 矩阵 $Q=(q_{ij})$, 有如下 Q 矩阵形式的 Collatz-Wielandt 公式, 详见 [6; 推论 12].

定理 1.29. (Collatz-Wielandt公式) 给定不可约 Q 矩阵, 记 $-Q$ 的代数最小特征根为 $\lambda_{\min}(-Q)$, 则有如下变分公式

$$\sup_{\mathbf{x}>\mathbf{0}}\min_{i\in E}\frac{(-Q\mathbf{x})_i}{\mathbf{x}_i}=\lambda_{\min}(-Q)=\inf_{\mathbf{x}>\mathbf{0}}\max_{i\in E}\frac{(-Q\mathbf{x})_i}{\mathbf{x}_i}.$$

第二章　可配称矩阵的特征值

由推论 1.33 可知, 利用 Householder 变换, 任意对称矩阵相似于一个对称三对角矩阵. 因此, 本章首先处理三对角矩阵的特征值估计及计算方法, 这里的主要想法来源于参考文献 [12], 本章的主要算法来自文献 [6-8] 和 [11; §4].

第一节　引言及相关概念

由前面的讨论可知对称三对角矩阵是对称矩阵的代表. 本章假设 E 是给定的有限状态空间:

$$E = \{k \in \mathbb{Z}:\ 0 \leqslant k < N+1\}(N < \infty).$$

一、可配称矩阵的结构特征

在给出本章的主要算法之前, 先给出文献 [11] 中可厄米矩阵的定义.

定义 2.1. *称复方阵 $A = (a_{ij} : i, j \in E)$ 为可厄米 (Hermitizable) 矩阵, 若存在测度 $(\mu_i : i \in E)$ 满足*

$$\mu_i a_{ij} = \mu_j \bar{a}_{ji}, \qquad i, j \in E.$$

其中, $\bar{a}$ 代表 a 的共轭数, 称 $(\mu_i : i \in E)$ 为矩阵 A 的配称测度.

给定可厄米矩阵 A 的配称测度 μ, 可验证, 矩阵 $(\sqrt{\mu_i}a_{ij}/\sqrt{\mu_j}: i,j \in E)$ 是 Hermitian 矩阵并且与 A 等谱. 又由 Householder 变换可知, Hermitian 矩阵与一个实对称的三对角矩阵相似. 因此,可厄米矩阵与实对称的三对角矩阵等谱. 另外, 可约的三对角矩阵可拆分为若干个不可约的子三对角矩阵. 因此, 本章只考虑具有以下形式的不可约三对角矩阵:

$$T=\begin{pmatrix} -c_0 & b_0 & & & & \\ a_1 & -c_1 & b_1 & & & \\ & a_2 & -c_2 & b_2 & & \\ & & \ddots & \ddots & \ddots & \\ & & & a_{N-1} & -c_{N-1} & b_{N-1} \\ & & & & a_N & -c_N \end{pmatrix}. \tag{2.1}$$

这里, 假设矩阵 T 为可厄米矩阵, 即对一切 $0 \leqslant k < N$, 有

$$c_k \in \mathbb{R}, \qquad a_k, b_k \in \mathbb{C}, \qquad a_{k+1}b_k > 0. \tag{2.2}$$

因为三对角矩阵 T 由以下三个序列决定

$$\{a_k\}_{k=1}^{N}, \qquad \{-c_k\}_{k=0}^{N}, \qquad \{b_k\}_{k=0}^{N-1},$$

因此, 后面将其简写为

$$T \sim (a_k, -c_k, b_k),$$

这里为保留概率直观, 将对角线元素设为 $-c_k$.

例 2.1. 考虑矩阵

$$A=\begin{pmatrix} -2 & 2+2i & 1-i & 0 \\ 0.5-0.5i & -3 & 1-0.5i & 3+i \\ 1+i & 4+2i & -4 & 8+2i \\ 0 & 3-i & 2-0.5i & -5 \end{pmatrix}.$$

由改进的圈形定理 [11; 定理 5] 可知, 矩阵 A 的配称测度为 $\mu=(1,\ 4,\ 1,\ 4)$: $\mu_k a_{k\ell}=\mu_\ell \bar{a}_{\ell k}$(详见 [11; 例 7]). 因此, A 是可厄米矩

阵且

$$\hat{A}=\mathrm{diag}(\sqrt{\mu})A\,\mathrm{diag}\left(\frac{1}{\sqrt{\mu}}\right)=\begin{pmatrix}-2 & 1+i & 1-i & 0\\ 1-i & -3 & 2-i & 3+i\\ 1+i & 2+i & -4 & 4+i\\ 0 & 3-i & 4-i & -5\end{pmatrix}$$

是 Hermitian 矩阵. 由 Householder 变换可知, 存在 ℓ 个具有如下形式的矩阵 U_j (扩展反射矩阵)

$$U_j=I+(\kappa-1)\mathbf{u}\mathbf{u}^*,$$

(这里, 常数 $\kappa\in\mathbb{C}$ 满足 $|\kappa|=1$, $\mathbf{u}$ 是单位向量, $\mathbf{u}^*$ 代表 $\mathbf{u}$ 的共轭转置) 使得

$$U=\prod_{j=0}^{\ell}U_j$$

是酉矩阵且

$$T=U\hat{A}U^*$$

是实对称三对角矩阵:

$$T\approx\begin{pmatrix}-2 & 2 & & \\ 2 & -2.5 & 4.092676 & \\ & 4.092676 & -1.977612 & 2.622282\\ & & 2.622282 & -7.522388\end{pmatrix}.$$

二、三对角矩阵的结构特征

首先, 介绍生灭 Q 矩阵的定义.

定义 2.2. 定义于 E 上的实矩阵 $Q\sim(a_k,-c_k,b_k)$ 称为生灭 Q 矩阵, 如果

$$a_k>0,\quad b_k>0,\quad c_k\geqslant a_k+b_k.$$

特别地, 若 $b_0=c_0$, $a_k+b_k=c_k(1\leqslant k\leqslant N-1)$, $c_N>a_N$, 则称 $Q\sim(a_k,-c_k,b_k)$ 为具有 "ND" 边界的 Q 矩阵; 若 $b_0=c_0$, $a_k+b_k=c_k(1\leqslant k\leqslant N-1)$, $c_N=a_N$, 则称 $Q\sim(a_k,-c_k,b_k)$ 为具有 "NN" 边界的 Q 矩阵.

定义 2.2 中的边界条件 “N” 是指 Neumann 边界, 即反射边界; “D” 是指 Dirichlet 边界, 即吸收边界. 详细解释可见文献 [5].

假设 T 是形如式 (2.1) 的可厄米三对角矩阵, 下面的定理 2.1 给出任意形如式 (2.1) 的可厄米三对角矩阵通过平移后相似于一个 “ND” 边界的 Q 矩阵或行和为零的 Q 矩阵. 定理 2.1 中的 m 推移由陈木法给出 (详见 [11; §3]), 是此定理的关键之处, 其中的等谱变换由文献 [17] 引进.

定理 2.1. (h 变换) 假设 $T \sim (a_k, -c_k, b_k)$ $(N \leqslant \infty)$ 是形如式 (2.1) 满足式 (2.2) 的可厄米三对角矩阵. 定义

$$m = \sup_{k \in E}(-c_k + |a_k| + |b_k|)^+, \qquad A = T - mI.$$

这里约定 $a_0 = 0$. 设 $m < \infty$ 且 $h\,(h_0 = 1)$ 是 E 上的 A 近调和函数, 即

$$(Ah)(k) = 0, \qquad 0 \leqslant k < N.$$

则

$$h_k \neq 0, \qquad k \in E.$$

进一步, 定义

$$\widetilde{Q} = \operatorname{diag}(h^{-1}) A \operatorname{diag}(h).$$

其中, $\operatorname{diag}(h)$ 是对角线元素为 (h_k) 的对角矩阵, 则 $\widetilde{Q} \sim (\tilde{a}_k, -\tilde{c}_k, \tilde{b}_k)$ 满足

$$b_0 = c_0,\ a_k + b_k = c_k (1 \leqslant k \leqslant N-1),\ c_N \geqslant a_N. \tag{2.3}$$

证明 首先证明

$$h_k \neq 0, \qquad k \in E.$$

因为 $m = \sup_{k \in E}(-c_k + |a_k| + |b_k|)^+$, 故对一切 $k \in E$, 有

$$c_k + m \geqslant |a_k| + |b_k| > 0. \tag{2.4}$$

由

$$A = T - mI \sim (a_k, -c_k - m, b_k),$$

及

$$(Ah)(k) = 0, \qquad 0 \leqslant k < \infty,$$

知

$$h_{k+1} = \frac{c_k + m}{b_k} h_k - \frac{a_k}{b_k} h_{k-1}, \qquad k \in E. \tag{2.5}$$

由 $h_0 = 1$ 知, $h_1 = \dfrac{c_0 + m}{b_0}$, 故 $|h_1| \geqslant |h_0|$. 进一步, 假设 $|h_k| \geqslant |h_{k-1}|$ $(k \geqslant 1)$, 则

$$\begin{aligned} |h_{k+1}| &\overset{(2.5)}{\geqslant} \left|\frac{c_k + m}{b_k} h_k\right| - \left|\frac{a_k}{b_k} h_{k-1}\right| \\ &\overset{(2.4)}{\geqslant} \frac{|a_k| + |b_k|}{|b_k|} |h_k| - \frac{|a_k|}{|b_k|} |h_{k-1}| \geqslant |h_k|. \end{aligned} \tag{2.6}$$

归纳假设证明了 $|h_k| \geqslant 1$. 故 $h_k \neq 0$, $k \in E$.

其次, 证明 $\widetilde{Q} \sim (\tilde{a}_k, -\tilde{c}_k, \tilde{b}_k)$ 满足

$$b_0 = c_0,\ a_k + b_k = c_k (1 \leqslant k \leqslant N-1),\ c_N \geqslant a_N.$$

事实上, 由 $\widetilde{Q} = \operatorname{diag}(h)^{-1} A \operatorname{diag}(h)$ 知, 对一切 $k \in E$, 有

$$\tilde{c}_k = c_k + m, \qquad \tilde{a}_k = \frac{h_{k-1}}{h_k} a_k, \qquad \tilde{b}_k = \frac{h_{k+1}}{h_k} b_k. \tag{2.7}$$

由式 (2.5) 知

$$a_k \frac{h_{k-1}}{h_k} = \tilde{c}_k - b_k \frac{h_{k+1}}{h_k}.$$

此式结合式 (2.7), 成立保守性

$$\tilde{a}_k = \tilde{c}_k - \tilde{b}_k, \quad k \geqslant 1. \tag{2.8}$$

及不变性

$$0 \overset{(2.2)}{<} a_k b_{k-1} = \tilde{a}_k \tilde{b}_{k-1}, \quad k \geqslant 1, \tag{2.9}$$

因此,

$$\tilde{b}_0 = \tilde{c}_0 > 0, \qquad \tilde{a}_1 \overset{(2.9)}{=} \frac{a_1 b_0}{\tilde{b}_0} > 0.$$

假设 $\tilde{b}_k > 0$, $\tilde{a}_{k+1} > 0$ $(k \geqslant 0)$, 则

$$\tilde{b}_{k+1} \overset{(2.8)}{=} \tilde{c}_{k+1} - |\tilde{a}_{k+1}| \overset{(2.4)}{\geqslant} |a_{k+1}| + |b_{k+1}| - |\tilde{a}_{k+1}|,$$

由式 (2.7) 和式 (2.6) 知, $|\tilde{a}_{k+1}| \leqslant |a_{k+1}|$. 故

$$\tilde{b}_{k+1} \geqslant |a_{k+1}| + |b_{k+1}| - |a_{k+1}| = |b_{k+1}| > 0,$$

且

$$\tilde{a}_{k+2} \overset{(2.9)}{=} \frac{a_{k+2}b_{k+1}}{\tilde{b}_{k+1}} > 0.$$

由归纳假设知, 序列 $\{\tilde{a}_k\}$ 和 $\{\tilde{b}_k\}$ 均为正数. 故矩阵 $\widetilde{Q} \sim (\tilde{a}_k, -\tilde{c}_k, \tilde{b}_k)$ 满足行和性质 (2.3).

注 2.2. 定理 2.1 中, 由 $A = T - mI$ 到 $\widetilde{Q} = \mathrm{diag}(h^{-1})A\,\mathrm{diag}(h)$ 的变换称为 h 变换. 事实上, 记 $\widetilde{Q} \sim (\tilde{a}_k, -\tilde{c}_k, \tilde{b}_k)$, 令 $u_k = a_k b_{k-1} (k \geqslant 1)$, 则由定理 2.1 可知, $\tilde{c}_k = c_k + m \ (k \in E)$,

$$\begin{cases} \tilde{b}_0 = \tilde{c}_0, \\ \tilde{b}_k = \tilde{c}_k - \cfrac{u_k}{\tilde{c}_{k-1} - \cfrac{u_{k-1}}{\tilde{c}_{k-2} - \cfrac{u_{k-2}}{\ddots \, \tilde{c}_2 - \cfrac{u_2}{\tilde{c}_1 - \cfrac{u_1}{\tilde{c}_0}}}}}, & k \geqslant 1, \\ \tilde{a}_k = \tilde{c}_k - \tilde{b}_k, & k \geqslant 1, \\ \tilde{a}_N = \dfrac{u_N}{\tilde{b}_{N-1}}, & \text{若} \quad N < \infty. \end{cases} \tag{2.10}$$

若 $N < \infty$, 则定理 2.1 中的矩阵 $\widetilde{Q}$ 具有 "ND" 边界. 故 $T - mI$ 与 $\widetilde{Q}$ 为等谱算子. 自此以后, 只需研究生灭型 Q 矩阵 $\widetilde{Q}$ 的特征对子.

定理 2.3. (对称变换) 假设 $T \sim (a_k, -c_k, b_k)$ 是形如式 (2.1) 的可厄米三对角矩阵, 定义 $h = (h_0, h_1, \cdots, h_N)$ 如下:

$$h_0 = 1,\ h_k = h_{k-1}\frac{\sqrt{u_k}}{b_{k-1}} \left[= \prod_{j=1}^{k} \frac{\sqrt{u_j}}{b_{j-1}}\right], \quad k \in \{1, 2, \cdots, N\},$$

其中, $u_k = a_k b_{k-1}(k = 1, \cdots, N)$. 则 $T^{\text{sym}} = \operatorname{diag}(h^\mu)^{-1} T \operatorname{diag}(h^\mu)$ 是实对称的三对角矩阵, 此三对角矩阵 $T^{\text{sym}} \sim (a_k^{\text{sym}}, -c_k^{\text{sym}}, b_k^{\text{sym}})$ 的清楚表示为

$$c_k^{\text{sym}} = c_k \ (k = 0, \cdots, N),\ a_k^{\text{sym}} = b_{k-1}^{\text{sym}} = \sqrt{u_k} \ (k = 1, \cdots, N). \tag{2.11}$$

证明 给定复矩阵 $T \sim (a_k, -c_k, b_k)$, 定义对角酉矩阵 $U = \operatorname{diag}(\widehat{u})$, 这里 $\widehat{u} = (\widehat{u}_k)_{k=0}^N$:

$$\widehat{u}_0 = 1, \qquad \widehat{u}_k = \widehat{u}_{k-1} \frac{a_k}{|a_k|}, \qquad 1 \leqslant k \leqslant N.$$

令 $\widehat{\mu} = (\widehat{\mu}_0, \cdots, \widehat{\mu}_N)$:

$$\widehat{\mu}_0 = 1, \quad \widehat{\mu}_k = \widehat{\mu}_{k-1} \frac{\overline{b}_{k-1}}{a_k}, \qquad 1 \leqslant k \leqslant N.$$

则 $\overline{U}^{\mathrm{T}} \operatorname{diag}(\widehat{\mu}^{\frac{1}{2}}) T \operatorname{diag}(\widehat{\mu}^{-\frac{1}{2}}) U \sim (a_k^{\text{sym}}, -c_k^{\text{sym}}, b_k^{\text{sym}})$ 是对称三对角矩阵.

定义 $h_k^\mu = \widehat{\mu}_k^{-\frac{1}{2}} \widehat{u}_k$, $0 \leqslant k \leqslant N$, 则

$$h_0^\mu = 1, h_k^\mu = h_{k-1}^\mu \frac{\sqrt{u_k}}{b_{k-1}},\ 1 \leqslant k \leqslant N, \tag{2.12}$$

即 $T^{\text{sym}} = \operatorname{diag}(\overline{h}^\mu)^{-1} T \operatorname{diag}(h^\mu)$ 是一个对称三对角矩阵.

三、三对角矩阵的谱特征

定理 2.4. 设 $T \sim (a_k, -c_k, b_k)_{k=0}^N$ 是形如式 (2.1) 的三对角矩阵, 定义相关矩阵 $T^- \sim (a_k, c_k, b_k)$, 则 (λ, g) 是 T 的特征对子, 当且仅当 $(-\lambda, \operatorname{diag}(u) g)$ 是 T^- 的特征对子. 其中, $\operatorname{diag}(u)$ 是以 (u_k):

$$u_0 = 1, \qquad u_k = -u_{k-1} \quad (1 \leqslant k \leqslant N). \tag{2.13}$$

为对角元的对角矩阵.

证明 给定 $T \sim (a_k, -c_k, b_k)_{k=0}^N$, 定义 $\widetilde{T} = (-a_k, -c_k, -b_k)$ 和以式 (2.13) 为对角元的对角矩阵 $\mathrm{diag}(u)$, 则

$$T = \mathrm{diag}(u^{-1})\widetilde{T}\mathrm{diag}(u), \qquad T \simeq \widetilde{T}.$$

因此, (λ, g) 是 T 的一个特征对子, 当且仅当 $(\lambda, \mathrm{diag}(u)g)$ 是 $\widetilde{T}$ 的一个特征对子. 又因为 $T^- = -\widetilde{T}$, 所以 (λ, g) 是 T 的一个特征对子, 当且仅当 $(-\lambda, \mathrm{diag}(u)g)$ 是 T^- 的一个特征对子.

由定理 2.4 可知, 成对改变三对角矩阵 $T \sim (a_k, -c_k, b_k)_{k=0}^N$ 中元素 (a_k, b_{k-1}) 的符号不改变 T 的谱. 此定理清楚地给出了三对角矩阵的谱结构特征. 下面的例 2.2 进一步清晰说明了定理 2.4 的结果.

例 2.2. ([14;例 20]) 给定形如式 (2.1) 的三对角矩阵,

$$T \sim (a_j, -c_j, b_j) \in \mathbb{R}^{N\times N},$$

其中 $a_j \equiv a$, $b_j \equiv b$, $c_j \equiv c$ 为正常数. 定义相关矩阵 $T^- \sim (a_j, c_j, b_j)$. T 和 T^- 的特征对子分别表示为 $(\lambda_k^{\mathrm{exact}}, g_k^{\mathrm{exact}})$ 和 $\left(\lambda_k^{-\mathrm{exact}}, g_k^{-\mathrm{exact}}\right)$, 则 T 和 T^- 的特征对子满足定理 2.4.

证明 由 [14;例 20] 知, T 的特征对子的显示表示为

$$\lambda_k^{\mathrm{exact}} = 2\sqrt{ab}\cos\left(\frac{k\pi}{N+1}\right) - c,$$
$$g_k^{\mathrm{exact}}(\ell) = \left(\sqrt{\frac{a}{b}}\right)^{\ell} \sin\left(\frac{k\ell\pi}{N+1}\right), \quad \ell = 1, \cdots, N,$$

又由

$$\cos\left(\frac{k\pi}{N+1}\right) = -\cos\left(\frac{(N+1-k)\pi}{N+1}\right),$$
$$\sin\left(\frac{k\ell\pi}{N+1}\right) = (-1)^{\ell-1}\sin\left(\frac{\ell(N+1-k)\pi}{N+1}\right).$$

知 T^- 的特征对子为

$$\lambda_k^{-\text{exact}} = 2\sqrt{ab}\cos\left(\frac{k\pi}{N+1}\right) + c = -\lambda_{N+1-k}^{\text{exact}},$$

$$g_k^{-\text{exact}}(\ell) = \left(\sqrt{\frac{a}{b}}\right)^{\ell} \sin\left(\frac{k\ell\pi}{N+1}\right) = (-1)^{\ell-1} g_{N+1-k}^{\text{exact}}(\ell),\ \ell = 1,\cdots,N.$$

所以 $(\lambda_k^{\text{exact}}, g_k^{\text{exact}})$ 是 T 的特征对子, 当且仅当 $(-\lambda_k^{\text{exact}}, \text{diag}(\nu)g_k^{\text{exact}})$ 是 T^- 的特征对子.其中 $\text{diag}(\nu)$ 是以 $\nu = \{(-1)^k\}_{k=1}^N \in \mathbb{R}^N$ 为对角元的对角矩阵.

四、 三对角方程的解法

下面介绍三对角方程的显示求解方法.

Thomas 算法　给定三对角矩阵 $T \sim (a_k, -c_k, b_k)$, 推移 z 和向量 v, 定义

$$d_i = \begin{cases} \dfrac{b_0}{z - c_0}, & i = 0, \\ \dfrac{b_i}{z - c_i - a_i d_{i-1}}, & i = 1, 2, \cdots, N-1. \end{cases}$$

和

$$\xi_i = \begin{cases} \dfrac{v_0}{c_0 - z}, & i = 0, \\ \dfrac{v_i + a_i \xi_{i-1}}{c_i - z + a_i d_{i-1}}, & i = 1, 2, \cdots, N. \end{cases}$$

则, 定义于 E 上的方程

$$(-T - zI)w = v$$

的解 w 为:

$$\begin{cases} w_N = \xi_N, \\ w_i = \xi_i - d_i w_{i+1}, & i = N-1, N-2, \cdots, 1, 0. \end{cases}$$

第二节 ND 边界的三对角矩阵的谱系估计

定理 2.1 说明任一可厄米三对角矩阵相似于一个生灭 Q 矩阵 $T \sim (a_k, -c_k, b_k)$, 其边界条件满足

$$b_0 = c_0,\ a_k + b_k = c_k (1 \leqslant k \leqslant N-1),\ c_N \geqslant a_N.$$

定理 2.4 又说明矩阵 $T \sim (a_k, -c_k, b_k)$ 的代数最小特征值与 $T^- \sim (a_k, c_k, b_k)$ 的代数最大特征值互为相反数, 且其代数最小特征值对应的特征向量的符号正负相间. 因此, 要估计三对角矩阵的谱半径归结于估计 ND 边界的 Q 矩阵的代数最大特征值. 本节介绍 ND 边界的 Q 矩阵的代数最大特征值的变分公式和上下界估计, 详见文 [5;§2-§3]. 给定 ND 边界的 Q 矩阵

$$Q = \begin{pmatrix} -b_0 & b_0 & 0 & 0 & \cdots \\ a_1 & -(a_1+b_1) & b_1 & 0 & \cdots \\ 0 & a_2 & -(a_2+b_2) & b_2 & \cdots \\ \vdots & \vdots & \ddots & \ddots & \ddots \\ 0 & 0 & 0 & a_N & -(a_N+b_N) \end{pmatrix}, \tag{2.14}$$

这里, $a_i,\ b_i > 0$. 记 $-\lambda_0$ 为 Q 的代数最大特征值, 首先定义序列 (μ_i) 如下:

$$\mu_0 = 1,\ \ \mu_n = \mu_{n-1}\frac{b_{n-1}}{a_n} = \frac{b_0 b_1 \cdots b_{n-1}}{a_1 a_2 \cdots a_n}, \qquad 1 \leqslant n \leqslant N. \tag{2.15}$$

然后定义三个算子 I, II, R 如下

$$I_i(\mathbf{f}) = \frac{1}{\mu_i b_i (f_i - f_{i+1})} \sum_{j \leqslant i} \mu_j f_j, \qquad II_i(\mathbf{f}) = \frac{1}{f_i} \sum_{j=i}^{N} \sum_{k=0}^{j} \mu_k f_k,$$

这里分别称它们为单重求和算子和双重求和算子,

$$R_i(\mathbf{v}) = a_i(1 - v_{i-1}^{-1}) + b_i(1 - v_i),\ i \in E,\ v_{-1} > 0,\ v_N = 0,$$

这里 R 称为差分算子. 算子 II, I 和 R 的定义域如下:

$$\begin{aligned}\mathscr{F}_{II} &= \{\mathbf{f} : f_k > 0,\ k \in E\},\\ \mathscr{F}_I &= \{\mathbf{f} : f \in \mathscr{F}_{II} \text{ 且 } f \text{ 严格单调下降}\},\\ \mathscr{V} &= \{\mathbf{v} : 0 < v_i < 1, 0 \leqslant i < N, v_N = 0\}.\end{aligned}$$

定理 2.5. ([5;定理 2.4]) 给定形如式 (2.14) 的 ND 边界的 Q 矩阵 $Q \sim (a_k, -c_k, b_k)$, 其代数最大特征值 λ_0 有如下变分公式:

(1) 差分形式

$$\sup_{\mathbf{v}\in\mathscr{V}} \min_{i\in E} R_i(\mathbf{v}) = \lambda_0 = \inf_{\mathbf{v}\in\mathscr{V}} \max_{i\in E} R_i(\mathbf{v}).$$

(2) 单重求和形式

$$\sup_{\mathbf{f}\in\mathscr{F}_I} \min_{i\in E} I_i(\mathbf{f})^{-1} = \lambda_0 = \inf_{\mathbf{f}\in\mathscr{F}_I} \max_{i\in E} I_i(\mathbf{f})^{-1}.$$

(3) 双重求和形式

$$\sup_{\mathbf{g}\in\mathscr{F}_{II}} \min_{i\in E} II_i(\mathbf{g})^{-1} = \lambda_0 = \inf_{\mathbf{g}\in\mathscr{F}_{II}} \max_{i\in E} II_i(\mathbf{g})^{-1}.$$

进一步, 当实验函数为 λ_0 的特征向量时, 如上变分公式的等号恒成立.

证明 证明略, 详见 [5;定理 2.4] 的证明.

通过选取合适的试验函数, 由变分公式可给出 λ_0 的上、下界估计.

定理 2.6. ([5;定理 3.1]) 给定形如式 (2.14) 的 ND 边界的 Q 矩阵 $Q \sim (a_k, -c_k, b_k)$, 其代数最大特征值 λ_0 有如下上、下界估计:

$$(4\delta)^{-1} \leqslant \lambda_0 \leqslant \delta^{-1},$$

其中,

$$\delta = \sup_{n\in E} \sum_{j=0}^{n} \mu_j \sum_{k=n}^{N} \frac{1}{b_k \mu_k}.$$

证明 取实验函数 $g_k = \sqrt{\varphi_k}$:

$$\varphi_k = \sum_{j=k}^{N} \frac{1}{b_j \mu_j}.$$

利用定理 2.5 可证, 详见 [5;定理 3.1] 的证明.

定理 2.7. ([5; 推论 3.3]) 给定形如式 (2.14) 的生灭矩阵 $Q \sim (a_k, -c_k, b_k)$, 记 λ_0 为矩阵 $-Q$ 的代数最小特征值, 则 λ_0 有如下估计:

$$(4\delta)^{-1} \leqslant \delta_1^{-1} \leqslant \lambda_0 \leqslant \delta_1'^{-1} \leqslant \delta^{-1}.$$

其中,

$$\delta = \sup_{n\in E} \sum_{j=0}^{n} \mu_j \sum_{k=n}^{N} \frac{1}{\mu_k b_k}.$$

$$\delta_1 = \sup_{i\in E} \left(\sqrt{\varphi_i} \sum_{k=0}^{i} \mu_k \sqrt{\varphi_k} + \frac{1}{\sqrt{\varphi_i}} \sum_{k=i+1}^{N} \mu_k \varphi_k^{3/2} \right).$$

$$\delta_1' = \sup_{\ell\in E} \left(\varphi_\ell \mu[0,\ell] + \frac{1}{\varphi_\ell} \sum_{k=\ell+1}^{N} \mu_k \varphi_k^2 \right) \in [\delta, 2\delta].$$

给定形如式 (2.14) 的矩阵 Q, 用三个记号 δ^Q, $\delta_1^Q, \delta_1'^Q$ 分别代表矩阵 Q 对应的定理 2.7 中的 δ, δ_1, δ_1'. 设矩阵 $T \sim (a_k, -c_k, b_k)$ 为可厄米三对角矩阵, 记矩阵 T 对应的矩阵 T^- 为 $T^- \sim (a_k, c_k, b_k)$, 对 T^- 进行形如式 (2.10) 的 h 变换, 得到形如式 (2.14) 的矩阵, 应用定理 2.7 和定理 2.4, 可得可厄米三对角矩阵的代数最大和代数最小两头特征值的估计. 详见下例.

例 2.3. 给定可厄米三对角矩阵 $T \sim (a_k, -c_k, b_k)$, 记其代数最大和代数最小两头特征值分别为 $\lambda_{\max}$ 和 $\lambda_{\min}$, 分别记 $A = T - mI$, $\widetilde{A} = \widetilde{T} - \tilde{m}I$. 其中, $m = \sup_{k\in E}(-c_k + |a_k| + |b_k|)^+$, $\widetilde{T} \sim (a_k, c_k, b_k)$, $\tilde{m} = \sup_{k\in E}(c_k + |a_k| + |b_k|)^+$. 分别对矩阵 A 和 $\widetilde{A}$ 做形如式 (2.10) 的 h 变换得到矩阵 $\widetilde{Q}_1(A \simeq \widetilde{Q}_1)$ 和 $\widetilde{Q}_2(\widetilde{A} \simeq \widetilde{Q}_2)$. 则有估计式

(1)

$$\left(4\delta^{\widetilde{Q_1}}\right)^{-1} \leqslant \left(\delta_1^{\widetilde{Q_1}}\right)^{-1} \leqslant \lambda_{\max} + m \leqslant \left(\delta_1'^{\widetilde{Q_1}}\right)^{-1} \leqslant \left(\delta^{\widetilde{Q_1}}\right)^{-1}$$

(2)

$$\left(4\delta^{\widetilde{Q_2}}\right)^{-1} \leqslant \left(\delta_1^{\widetilde{Q_2}}\right)^{-1} \leqslant \tilde{m} - \lambda_{\min} \leqslant \left(\tilde{\delta}_1'^{\widetilde{Q_2}}\right)^{-1} \leqslant \left(\tilde{\delta}^{\widetilde{Q_2}}\right)^{-1}$$

可厄米矩阵 $T \sim (a_k, -c_k, b_k)$ 的谱半径

$$\rho(T) = \max\{|\lambda_{\max}(T)|, |\lambda_{\min}(T)|\},$$

例 2.3 给出了谱半径的刻画. 这里需要指出, 定理 2.7 的估计对一些例子是精确的 (见 [5; 例 3.4]), 因此取此估计作为迭代方法的初值将会减少迭代步数, 加快收敛速度. 此外, 可以预见, 若取例 2.3 的估计值作为初值, 将其作为主特征值的近似, 应用反幂法可得主特征对子的计算方法.

第三节　三对角矩阵特征值的计算方法

作为三对角矩阵特征值估计和幂法的应用, 本节介绍三对角矩阵特征对子的计算方法. 首先介绍著名的 Rayleigh 商迭代算法.

Rayleigh 商迭代　设 $E \times E$ 上的实方阵 A 的非对角线元素非负, 记 $(\lambda_{\max}, \mathbf{g}_{\max}(A))$ 为 A 的最大特征对子. 设 $(z^{(0)}, \mathbf{v}^{(0)})$ 是 $(\lambda_{\max}, \mathbf{g}_{\max}(A))$ 的近似且 $\mathbf{w}^{(k)}$ $(k \geqslant 1)$是线性方程

$$\left(z^{(k-1)}I - A\right)\mathbf{w}^{(k)} = \mathbf{v}^{(k-1)}$$

的解. 其中, I 是单位矩阵. 定义

$$\mathbf{v}^{(k)} = \frac{\mathbf{w}^{(k)}}{\sqrt{\mathbf{w}^{(k)\mathrm{T}}\mathbf{w}^{(k)}}}, \qquad z^{(k)} = \mathbf{v}^{(k)\mathrm{T}}A\mathbf{v}^{(k)}.$$

若 $(z^{(0)}, \mathbf{v}^{(0)})$ 充分靠近 $(\lambda_{\max}(A), \mathbf{g}_{\max})$, 则

$$\lim_{k\to\infty} \mathbf{v}^{(k)} = \mathbf{g}_{\max}, \quad \lim_{k\to\infty} z^{(k)} = \lambda_{\max}(A).$$

回忆 Q 矩阵 $Q=(q_{ij}:i,j\in E)$ 的定义:

$$q_{ij}\geqslant 0(i\neq j),\quad \sum_{j\in E}q_{ij}\leqslant 0\quad (i\in E).$$

自此以后, 假设矩阵 $-Q$ 的特征值序列 $\{\lambda_j\}$ 满足

$$0<\lambda_0<|\lambda_1|\leqslant|\lambda_2|\leqslant\cdots$$

对应于 $\{\lambda_j\}$ 的正交特征向量为 $\{\mathbf{g}_j\}$. 下面引进 Q 矩阵形式的 Rayleigh 商迭代.

Q 矩阵的 Rayleigh 商迭代 将如上 Rayleigh 商迭代的迭代方程变为

$$(-Q-z^{(k-1)}I)\mathbf{w}^{(k)}=\mathbf{v}^{(k-1)},\tag{2.16}$$

其他不变.

迭代方程 (2.16) 要求算子 $(-Q-z^{(k-1)}I)$ 可逆. $z=0$ 时, 算子的可逆性包含在引理 1.26 中. 下面的引理 2.8 保证了非零推移 z 对应算子的可逆性.

引理 2.8. 设矩阵 $Q=(q_{ij}:i,j\in E)$, $-Q$ 的代数最小特征值 $\lambda_0>0$. 若 $z\in(0,\lambda_0)$, 则 $(-Q-zI)$ 是可逆的. 进一步, $(-Q)^{-1}$ 是有限正矩阵, $(-Q-zI)^{-1}$ 亦如此.

证明 因为 $\lambda_0>z>0$, 矩阵 $-Q-zI$ 的每个特征值的模长大于或者等于 $\lambda_0-z(>0)$, 故 $(-Q-zI)$ 可逆. 由 $(-Q)$ 的特征值 $\{\lambda_j\}$ 满足

$$\frac{z}{|\lambda_j|}\leqslant\frac{z}{\lambda_0}<1,$$

可知 $\|z(-Q)^{-1}\|<1$. 故

$$\left(I-z(-Q)^{-1}\right)^{-1}=\sum_{n=0}^{\infty}\left(z(-Q)^{-1}\right)^n.\tag{2.17}$$

进一步, 若 $(-Q)^{-1}$ 有限且为正, 则由式 (2.17) 可知 $\left(I-z(-Q)^{-1}\right)^{-1}$

有限且为正. 又因为

$$(-Q - zI)^{-1} = (-Q)^{-1}\big(I - z(-Q)^{-1}\big)^{-1},$$

故 $(-Q - zI)^{-1}$ 有限且为正.

由引理 2.8 可知, 当线性迭代方程式 (2.16) 的推移 $z^{(k)}$ 取为 $-Q$ 的最小特征值 $\lambda_0(-Q)$ 的下界时, 才能保证迭代方程有解. 下面分析将说明 Rayleigh 商迭代对初值特别敏感. 另外, 不妨设

$$\mathbf{v}^{(0)} = \sum_{\ell=0}^{N} \alpha_\ell \mathbf{g}_\ell.$$

其中, $\{\alpha_j\}$ 是一列实数. 由 Q 矩阵的 Rayleigh 商迭代, 知

$$\begin{aligned}\frac{(-Q\mathbf{v}^{(k)}, \mathbf{v}^{(k)})}{(\mathbf{v}^{(k)}, \mathbf{v}^{(k)})} &= \frac{(-Q(-Q - zI)^{-k}\mathbf{v}^{(0)}, (-Q - zI)^{-k}\mathbf{v}^{(0)})}{((-Q - zI)^{-k}\mathbf{v}^{(0)}, (-Q - zI)^{-k}\mathbf{v}^{(0)})} \\ &= z + \frac{\alpha_0^2\left(\dfrac{1}{\lambda_0 - z}\right)^{2k-1} + \displaystyle\sum_{j=1}^{N} \alpha_j^2 \left(\dfrac{1}{\lambda_j - z}\right)^{2k-1}}{\alpha_0^2\left(\dfrac{1}{\lambda_0 - z}\right)^{2k} + \displaystyle\sum_{j=1}^{N} \alpha_j^2 \left(\dfrac{1}{\lambda_j - z}\right)^{2k}}.\end{aligned} \tag{2.18}$$

其中, $\lambda_0 < \lambda_1 \leqslant \cdots \leqslant \lambda_N$ 为矩阵 $-Q$ 的特征值. 只有当 $|\lambda_0 - z| < |\lambda_k - z| (k \neq 0)$ 时, 有

$$\frac{(-Q\mathbf{v}^{(k)}, \mathbf{v}^{(k)})}{(\mathbf{v}^{(k)}, \mathbf{v}^{(k)})} \to z + \lambda_0 - z = \lambda_0.$$

可见, Rayleigh 商的表示简单, Rayleigh 商迭代的收敛速度快并且在许多情形下可用, 但是容易掉坑. 给定可配称矩阵 Q, 一般有

$$(-Q\mathbf{v}^{(k)}, \mathbf{v}^{(k)}) \geqslant \lambda_0.$$

但可能存在 $-Q$ 的其他特征值 $\lambda'(> \lambda_0)$ 满足

$$|(-Q\mathbf{v}^{(k)}, \mathbf{v}^{(k)}) - \lambda'| < |(-Q\mathbf{v}^{(k)}, \mathbf{v}^{(k)}) - \lambda_0|,$$

则类似于式 (2.18) 的推导可知, 此时算法收敛于 $\lambda'(\neq \lambda_0)$, 即掉坑 λ'. 即使给定第 k 步的模拟特征向量 $\mathbf{v}^{(k)}$, 仍很难界定它的 Rayleigh 商是距离 λ_0 近还是距离另外某个特征值 λ' 近. 所以, 不可将 Rayleigh 商随意作为反幂法的推移. 由于区间 $(0, \lambda_0)$ 中没有 $-Q$ 的其他特征值, 结合引理 2.8, 若用 $z \in (0, \lambda_0)$ 作为反幂法的推移, 代替 Rayleigh 商 $(-Qv^{(k)}, v^{(k)})$, 则得到永远不掉坑的安全算法.

一、三对角矩阵代数最大特征对子的计算方法

本小节用原点平移的反幂法计算 ND 边界的 Q 矩阵的代数最大特征对子. 由如上分析及 Q 矩阵的迭代方程可知, $-Q$ 的代数最小特征值 λ_0 的下界估计扮演着重要角色. 下面介绍陈木法在参考文献 [5] 中给出的 λ_0 的估计. 给定形如式 (2.14) 的矩阵 $T \sim (a_k, -c_k, b_k)$, 定义函数 $\varphi = (\varphi_n)_{n=0}^{N}$:

$$\varphi_n = \sum_{k=n}^{N} \frac{1}{\mu_k b_k}, \qquad 0 \leqslant n \leqslant N. \tag{2.19}$$

然后定义试验函数列 $\{f^{(n)}\}_{n=0}^{\infty}$ 如下:

$$f_i^{(0)} = \sqrt{\varphi_i}, \tag{2.20}$$

$$f_i^{(n+1)} = \sum_{j=i}^{N} \frac{1}{\mu_j b_j} \sum_{k=0}^{j} \mu_k f_k^{(n)}, \qquad i \in E,\ n \geqslant 0. \tag{2.21}$$

其中, 函数 φ 和测度 μ 分别由式 (2.19) 和式 (2.15) 定义. 令

$$\delta_n^{\circ} = \sup_{i \in E} \frac{f_i^{(n+1)}}{f_i^{(n)}}, \qquad n \geqslant 0.$$

这里, 为了区别于后面的符号, 上标 “o” 代表 “original”. 对偶地, 亦有序列 $\{{}^{\circ}\delta_n'\}$, 此处省略 (详见 [5; §3]). 由 [5; 定理 3.2] 中的基本估计可知

$${}^{\circ}\delta_k^{-1} \uparrow \leqslant \lambda_0 \leqslant \downarrow {}^{\circ}\delta_k'^{-1}.$$

进一步, 又由定理 2.7, 可知

$$1 \leqslant \frac{\mathscr{\delta}_0}{\mathscr{\delta}_0'} \leqslant 4.$$

事实上, 上述估计在实际计算中上界不超过 2. 因此, $(\mathbf{w}^{(0)}, z^{(0)}) = \left(f^{(0)}, \mathscr{\delta}_0^{-1}\right)$ 即可选为迭代方法的初值.

注意到方程式 (2.21) 可改写为

$$\begin{aligned}\sum_{j=i}^{N} \frac{1}{\mu_j b_j} \sum_{k=0}^{j} \mu_k f_k^{(n)} &= \sum_{j=i}^{N} \frac{1}{\mu_j b_j} \sum_{k=0}^{i} \mu_k f_k^{(n)} + \sum_{j=i}^{N} \frac{1}{\mu_j b_j} \sum_{k=i+1}^{j} \mu_k f_k^{(n)} \\ &= \varphi_i \sum_{k=0}^{i} \mu_k f_k^{(n)} + \sum_{k=i+1}^{N} \mu_k f_k^{(n)} \varphi_k, \quad (\text{求和换序}).\end{aligned}$$

给定向量 $\mathbf{v} = (v_i, 0 \leqslant i \leqslant N)$, 定义

$$\delta_{\mathbf{v}} = \max_{0 \leqslant i \leqslant N} \frac{1}{v_i} \left[\varphi_i \sum_{j=0}^{i} \mu_j v_j + \sum_{i+1 \leqslant j \leqslant N} \mu_j \varphi_j v_j\right], \tag{2.22}$$

则 $\mathscr{\delta}_0 = \delta_{f^{(0)}}$. 由定理 2.5 (3) 关于 λ_0 的变分公式可知, 给定试验函数 $\mathbf{f} > 0$, 由式 (2.22) 定义的 $\delta_{\mathbf{f}}$ 便是 λ_0 的一个下界. 因此, 我们自然得到算法 2.9.

算法 2.9. (形如式 (2.14) 的矩阵 $T \sim (a_k, -c_k, b_k)$ 的代数最大特征对子的计算方法)

步骤 1. 定义测度 $\mu = (\mu_n)_{n=0}^{N}$ (见式 (2.15)) 和向量 $\varphi = (\varphi_n)_{n=0}^{N}$ (见式 (2.19)). 给定向量 $\mathbf{v} = (v_i, 0 \leqslant i \leqslant N)$, 定义 $\delta_{\mathbf{v}}$ 如式 (2.22).

步骤 2. 选取初值

$$\mathbf{w}^{(0)} = \sqrt{\varphi}, \quad \mathbf{v}^{(0)} = \mathbf{w}^{(0)} / \|\mathbf{w}^{(0)}\|_{\mu,2}, \quad z^{(0)} = \delta_{\mathbf{w}^{(0)}}^{-1},$$

这里 $\|\cdot\|_{\mu,2}$ 代表 $L^2(\mu)$ 范数.

步骤 3. 给定 $\mathbf{v}=\mathbf{v}^{(n-1)}$, $z=z^{(n-1)}$ $(n\geqslant 1)$, 令 $\mathbf{w}=\mathbf{w}^{(n)}$ 是方程

$$(-Q-zI)\mathbf{w}=\mathbf{v} \tag{2.23}$$

的解, 然后定义 $\mathbf{v}^{(n)}=\mathbf{w}/\|\mathbf{w}\|_{\mu,2}$, $z^{(n)}=\delta^{-1}_{\mathbf{v}^{(n)}}$. 则序列 $\left\{\left(\mathbf{v}^{(n)},z^{(n)}\right)\right\}$ 为矩阵 $-Q$ 的代数最小特征对子 $\left(\dfrac{\mathbf{g}_{\min}}{\|\mathbf{g}_{\min}\|_{\mu,2}},\lambda_0(-Q)\right)$ 的近似且

$$\lim_{n\to\infty} z^{(n)}\uparrow=\lambda_0(-Q),\qquad \lim_{n\to\infty}\mathbf{v}^{(n)}=\frac{\mathbf{g}_{\min}}{\|\mathbf{g}_{\min}\|_{\mu,2}}.$$

证明 首先, 由定理 2.5 (3) 知, $0<z^{(0)}<\lambda_0(-Q)$. 又由引理 2.8 知, $(-Q-z^{(0)}I)$ 的逆存在且 $(-Q-z^{(0)}I)^{-1}$ 为正矩阵, 从而 $\mathbf{v}^{(1)}>\mathbf{0}$. 再次结合定理 2.5 (3) 和引理 2.8 知, $0<z^{(n)}<\lambda_0(-Q)$, 向量 $\mathbf{v}^{(n)}>\mathbf{0}$. 后面简记 $B^{(k)}=(-Q-z^{(k)}I)^{-1}$. 下面写出 $\mathbf{v}^{(k)}$ 的数学理论表达式:

$$\mathbf{v}^{(k)}=\frac{\prod_{\ell=0}^{k-1}B^{(\ell)}\mathbf{v}^{(0)}}{\left\|\prod_{\ell=0}^{k-1}B^{(\ell)}\mathbf{v}^{(0)}\right\|}. \tag{2.24}$$

不妨假设矩阵 $-Q$ 具有互不相同的特征值, 相应的特征对子用 $(\lambda_k,\mathbf{g}_k)_{k=0}^N$ 表示, 则存在数列 (α_k), 使得

$$\mathbf{v}^{(0)}=\sum_{i=0}^N\alpha_i\mathbf{g}_i.$$

由 Perron-Frobenius 定理 2.21 可知, $\alpha_0\neq 0$. 又由定理 1.6 知, $B^{(k)}$ 和 $-Q$ 有相同的特征向量, 且 $B^{(k)}$ 的特征值为 $\left\{(\lambda_i-z^{(k)})^{-1}\right\}_{i=0}^N$. 故

$$B^{(0)}\mathbf{v}^{(0)}=\sum_{i=0}^N\frac{\alpha_i}{\lambda_i-z^{(0)}}\mathbf{g}_i,$$

将其代入式 (2.24), 得

$$\mathbf{v}^{(k)}=\frac{\displaystyle\sum_{i=0}^N\frac{\alpha_i}{\prod_{\ell=0}^{k-1}(\lambda_i-z^{(\ell)})}\mathbf{g}_i}{\left\|\displaystyle\sum_{i=0}^N\frac{\alpha_i}{\prod_{\ell=0}^{k-1}(\lambda_i-z^{(\ell)})}\mathbf{g}_i\right\|}=\frac{\mathbf{g}_0+\displaystyle\sum_{i=1}^N\frac{\alpha_i}{\alpha_0}\prod_{\ell=0}^{k-1}\left(\frac{z^{(\ell)}-\lambda_0}{z^{(\ell)}-\lambda_i}\right)\mathbf{g}_i}{\left\|\mathbf{g}_0+\displaystyle\sum_{i=1}^N\frac{\alpha_i}{\alpha_0}\prod_{\ell=0}^{k-1}\left(\frac{z^{(\ell)}-\lambda_0}{z^{(\ell)}-\lambda_i}\right)\mathbf{g}_i\right\|}.$$

因为

$$\lim_{k\to\infty}\prod_{\ell=0}^{k-1}\left(\frac{\lambda_0 - z^{(\ell)}}{\lambda_i - z^{(\ell)}}\right) = 0,$$

且 $\|\mathbf{g}_0\| = 1$, 所以 $\lim\limits_{k\to\infty}\mathbf{v}^{(k)} = \mathbf{g}_0$.

其次, 证明特征值逼近序列 $\{z^{(k)}\}$ 关于 k 单调上升收敛于 λ_0, 即

$$\lim_{k\to\infty} z^{(k)} \uparrow= \lambda_0.$$

首先证明,

$$\left((-Q)^{-1}\mathbf{v}\right)(k) = v_k II_k(\mathbf{v}).$$

事实上, 令 $u_k = v_k II_k(\mathbf{v}) = \sum\limits_{j=k}^{N}\dfrac{1}{\mu_j b_j}\sum\limits_{\ell\leqslant j}\mu_\ell v_\ell$, 则

$$\begin{aligned}
(-Q\mathbf{u})(k) &= b_k(u_k - u_{k+1}) - a_k(u_{k-1} - u_k)\\
&= \frac{\sum_{\ell\leqslant k}\mu_\ell v_\ell}{\mu_k} - \frac{a_k\sum_{\ell\leqslant k-1}\mu_\ell v_\ell}{\mu_{k-1}b_{k-1}} \quad (\mu_k a_k = \mu_{k-1}b_{k-1})\\
&= v_k.
\end{aligned}$$

所以 $\left((-Q)^{-1}\mathbf{v}\right)(k) = u_k = v_k II_k(\mathbf{v})$. 由定义

$$z^{(n)} = \delta_{\mathbf{v}^{(n)}}^{-1} = \min_{k\in E}\frac{1}{II_k(\mathbf{v}^{(n)})} = \min_{k\in E}\frac{v_k^{(n)}}{\left((-Q)^{-1}\mathbf{v}^{(n)}\right)(k)}, \tag{2.25}$$

下面证明 $z^{(n)} \leqslant z^{(n+1)}$. 事实上, 由式 (2.25) 可得,

$$z^{(n)}(-Q)^{-1}v^{(n)}(\ell) \leqslant v^{(n)}(\ell). \tag{2.26}$$

即

$$\begin{aligned}
0 < w^{(n+1)}(\ell) &= (-Q - z^{(n)}I)^{-1}v^{(n)}(\ell)\\
&\overset{(2.17)}{=} (-Q)^{-1}\sum_{n=0}^{\infty}\left[z^{(n)}(-Q)^{-1}\right]^n v^{(n)}(\ell).
\end{aligned} \tag{2.27}$$

又因为

$$
\begin{aligned}
&(-Q)^{-1}\sum_{n=0}^{\infty}\left[z^{(n)}(-Q)^{-1}\right]^{n}v^{(n)}(\ell)\\
\overset{(2.26)}{\leqslant}\ &\frac{v^{(n)}(\ell)}{z^{(n)}}+(-Q)^{-1}\sum_{n=1}^{\infty}\left[z^{(n)}(-Q)^{-1}\right]^{n-1}v^{(n)}(\ell)\\
\overset{(2.17)}{=}\ &\frac{1}{z^{(n)}}(-Q)(-Q-z^{(n)}I)^{-1}v^{(n)}(\ell)\\
\overset{(2.23)}{=}\ &\frac{1}{z^{(n)}}(-Q)w^{(n+1)}(\ell),
\end{aligned}
$$

将其代回式 (2.27) 可得

$$w^{(n+1)}(\ell)\leqslant\frac{1}{z^{(n)}}(-Q)w^{(n+1)}(\ell),$$

即

$$\mathbf{w}^{(n+1)}\leqslant\frac{1}{z^{(n)}}(-Q)\mathbf{w}^{(n+1)}.$$

因为 $(-Q)^{-1}$ 是正矩阵, 用 $z^{(n)}(-Q)^{-1}$ 同时乘以上式两边, 由矩阵运算可得

$$z^{(n)}(-Q)^{-1}\mathbf{w}^{(n+1)}\leqslant\mathbf{w}^{(n+1)},$$

上式两边逐点除以 $(-Q)^{-1}\mathbf{w}^{(n+1)}(\ell)$, 可得

$$z^{(n)}\leqslant\frac{\mathbf{w}^{(n+1)}(\ell)}{(-Q)^{-1}\mathbf{w}^{(n+1)}(\ell)},$$

两边关于 ℓ 取下确界, 可得

$$z^{(n)}\leqslant\inf_{\ell}\frac{\mathbf{w}^{(n+1)}(\ell)}{(-Q)^{-1}\mathbf{w}^{(n+1)}(\ell)}=z^{(n+1)}.$$

由 $\lim\limits_{k\to\infty}\mathbf{v}^{(k)}=\mathbf{g}_0$, 可知 $\lim\limits_{k\to\infty}\delta_{v^{(k)}}=\delta_{\mathbf{g}_0}=\lambda_0^{-1}$.

注 2.10. (1) 迭代方程 (2.23) 用 Thomas 方法求解.

(2) 定理 2.1 说明, 任意三对角矩阵 T, 首先通过 h 变换将其变为具有 ND 边界的 Q 矩阵, 然后应用算法 2.9 可计算其代数最大特征对子.

(3) 算法 2.9 中的 $\delta_{\mathbf{v}^{(k)}}$ 与 [5; §3] 中的 $\mathscr{E}_n$ 不同, 序列 $\{\delta_{\mathbf{v}^{(k)}}\}$ 比 [5; §3] 中的 $\{\mathscr{E}_n\}$ 收敛速度快.

从下面的例 2.4 的数值结果可看出算法 2.9 的效果. 本书的所有数值结果均在配置为 Intel(R) Core(TM)i5-5200 CPU @2.20 GHz 4.00 GB RAM 的手提笔记本上用 MATLAB (R2014a) 完成.

例 2.4. 考虑有限状态空间 E 上的如下矩阵:

$$Q=\begin{pmatrix}-3 & 2 & & & & \\ 1 & -3 & 2 & & & \\ & 1 & -3 & 2 & & \\ & & \ddots & \ddots & \ddots & \\ & & & 1 & -3 & 2 \\ & & & & 1 & -3\end{pmatrix}.$$

证明 首先, 此矩阵 Q 不满足 ND 边界条件. 由定理 2.1 知, 此矩阵 Q 对应的推移 $m=0$, 设函数 $\mathbf{h}=(1,h_1,\cdots,h_N)$ 为 Q 近调和函数:

$$(Qh)(k)=0,\qquad 0\leqslant k\leqslant N-1.$$

然后对 Q 做 h 变换得 $\widetilde{Q}=\mathrm{diag}(h^{-1})Q\mathrm{diag}(h)$. 由此得到的矩阵 $\widetilde{Q}$ 满足 ND 边界条件.

下面用算法 2.9 计算矩阵 $\widetilde{Q}$ 的代数最大特征值对子(即 $-\widetilde{Q}$ 的代数最小特征对子), 表 2.1 列出了 $-\widetilde{Q}$ 的代数最小特征值的计算结果.

表 2.1　用算法 2.9 计算矩阵 Q 的最大特征值, 不同 N 的输出

$N+1$	$z^{(0)}$	$z^{(1)}$	$z^{(2)}$	$z^{(3)}$
8	0.304256	0.340851	0.342146	0.342148
50	0.171632	0.17606	0.176916	0.176937
100	0.171573	0.17269	0.172934	0.172941
500	0.171573	0.171618	0.171628	
1000	0.171573	0.171584	0.171587	
1023	0.171573	0.171584	0.171586	

表 2.1 例证了特征值逼近序列的单调性. 然而, 算法 2.9 仅能计算到 1023 阶. 算法 2.9 中定义的矩阵 $\widetilde{Q}$ 的初向量 $\mathbf{w}^{(0)}$ 的图像 (由陈木法[11]用软件 Mathematica 画得) 见图 2.1 至图 2.3.

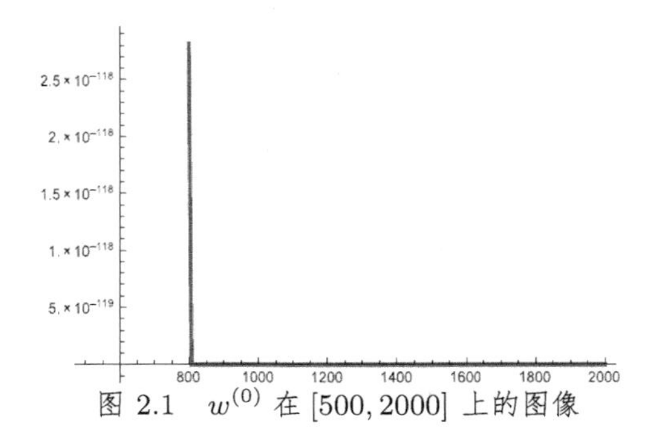

图 2.1　$w^{(0)}$ 在 $[500, 2000]$ 上的图像

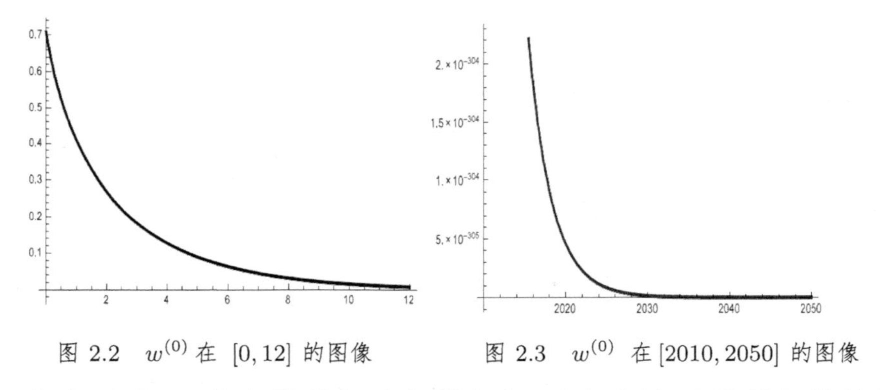

图 2.2　$w^{(0)}$ 在 $[0, 12]$ 的图像

图 2.3　$w^{(0)}$ 在 $[2010, 2050]$ 的图像

由此可见, 初始向量的振动相差太大, 已经超出了计算机的计算精度. 另外, 由定理 2.3 可知, 矩阵 Q 的特征值均为实数, 其对应的特征向量为实向量, 但用 Matlab 自带的求特征值的函数 eig 或 eigs 计算矩阵 Q 的特征对子时, 当矩阵阶数小于 100 时就出现了复的情况, 可见此时的计算结果是错误的.

例 2.4 说明算法 2.9 的理论还需进一步完善, 需要新的办法铲平初始特征向量的振幅. 由定理 2.3 知, 任意可厄米三对角矩阵与一个对称三对角矩阵相似, 而对称矩阵 Q^{sym} 的模拟特征向量的振动幅度相对较小, 便于计算机的处理. 因此想到用 Q^{sym} 代替方程 (2.23) 中的 Q. 将算法直接转到 Q^{sym} 的特征向量的计算.

此外, 给定单调递减的正函数 $\mathbf{v}$, 定义

$$\zeta_{\mathbf{v}} = \sup_{0\leqslant n\leqslant N} \frac{1}{\mu_n b_n (v_n - v_{n+1})} \sum_{j=0}^{n} \mu_j v_j. \tag{2.28}$$

由定理 2.5(2)和合分比公式可得 λ_0 的估计式

$$\zeta_{\mathbf{v}}^{-1} \leqslant \delta_{\mathbf{v}}^{-1} \leqslant \lambda_0,$$

可以看出, 估计式 $\zeta_{\mathbf{v}}$ 不如估计式 $\delta_{\mathbf{v}}$ 准确. 因此, 一般不用 $\zeta_{\mathbf{v}}$ 估计 λ_0 (参见 [5; 定理 3.2]). 但是, 从表达式来看, $\delta_{\mathbf{v}}$ 用了双重求和, 它的计算复杂度为 $O(N^2)$, 而 $\zeta_{\mathbf{v}}$ 仅用了单重求和, 它的计算复杂度为 $O(N)$, 且二者都落在安全的平移区间 $(0, \lambda_0)$. 考虑到计算复杂性, 这里用 $\zeta_{\mathbf{v}}$ 代替 $\delta_{\mathbf{v}}$. 从本书后面的例子计算也可以看出, 这种选取可以节省很多计算时间, 尤其对于高阶矩阵.

参考文献 [35] 和 [11; §3] 详细例证了非对称矩阵产生的计算困难: 计算机适合处理平坦的量. 矩阵非对称时, 选取的初始向量单调递增(或递减) 得很快; 而矩阵对称时, 其对应的初始向量就会平坦很多. 从概率角度出发, 设矩阵 Q 是可逆 Q 过程的生成元, 并记此过程的不变测度为 μ, 则

$$Q^{\text{sym}} = \text{diag}(\mu^{1/2}) Q \text{diag}(\mu^{-1/2}) \tag{2.29}$$

为对称矩阵, 并且 Q^{sym} 和 Q 的谱相同. 因此, 我们想利用此想法, 用 Q^{sym} 代替 Q 来克服计算机的精度问题. 当然, 这样又会增加新的困难, 如何计算不变测度 μ? 如何选取对称矩阵的初值?

首先, 生灭过程是最简单的可逆过程, 并且生灭过程的不变测度可以由式 (2.15) 给出. 因此, 可利用上述方法直接将非对称矩阵 Q 变为对称矩阵 Q^{sym}. 对于初值的选取, 我们来分析问题所在. 如本节开始所述初值的选取: 定理 2.7 只对形如式 (2.14) 的矩阵的最大特征对子具有精确的初值估计. 而对称矩阵 Q^{sym} 一般不是式 (2.14) 的矩阵

形式, 若将迭代方程 (2.23) 中的 Q 变为式 (2.29) 中的 Q^{sym}, 将使得 $\{\delta_k\}$ 和 $\mathbf{f}^{(0)}$ 无意义. 换句话说, 定理 2.7 只对形如式 (2.14) 中的矩阵 Q 才有好的估计 δ_k 和 $\mathbf{f}^{(0)}$, 而此估计一般不适用于对称矩阵 Q^{sym}. 但是对称矩阵又有很多成熟的算法. 因此, 我们这里遇到的困难是形如式 (2.14) 的矩阵和对称矩阵的优势互不相容. 为了解决这个困难, 我们采取耦合的办法, 同时发挥各自的优势, 详见 [11; §4]. 我们继续用形如式 (2.14) 的矩阵 Q 的代数最大特征对子的估计 $\{\delta_k\}$ 和 $\mathbf{f}^{(0)}$ 作为其特征值和特征向量的初值模拟, 而特征向量的逼近序列则通过解关于 Q^{sym} 的线性方程

$$\big(-Q^{\text{sym}}-z^{(k-1)}I\big)w^{(k)}=v^{(k-1)} \tag{2.30}$$

获得. 由表达式 (2.29) 可知, 矩阵 Q 和 Q^{sym} 的相关量可以用不变测度 μ 来互相转化. 记 $\mathbf{g}$ 和 $\mathbf{g}^{\text{sym}}$ 分别为矩阵 Q 和 Q^{sym} 所对应的相同特征值的特征向量, 则

$$\mathbf{g}=\text{diag}(\mu^{-1/2})\mathbf{g}^{\text{sym}}.$$

因此, Q^{sym} 的初值取为 $\big(\text{diag}(\mu^{1/2})\mathbf{f}^{(0)},\delta_0^{-1}\big)$, 其中, $\mathbf{f}^{(0)}$ 由方程 (2.20) 获得.

若 $\mathbf{w}$ 是线性方程

$$\big(-Q^{\text{sym}}-zI\big)\mathbf{w}=\mathbf{v}$$

的解, 则 $\text{diag}(\mu^{-1/2})\mathbf{w}$ 是线性方程

$$\big(-Q-zI\big)\mathbf{w}=\text{diag}(\mu^{1/2})\mathbf{v}$$

的解. 用 $\text{diag}(\mu^{-1/2})\mathbf{v}$ 代替式 (2.22) 和式 (2.28) 中的 $\mathbf{v}$ 可得

$$\begin{aligned}\delta_{\mathbf{v}}&=\max_{0\leqslant i\leqslant N}\frac{\sqrt{\mu}_i}{v_i}\left[\varphi_i\sum_{j=0}^{i}\sqrt{\mu}_j v_j+\sum_{i+1\leqslant j\leqslant N}\sqrt{\mu}_j\varphi_j v_j\right]\\&=\max_{0\leqslant i\leqslant N}\frac{1}{v_i}\left[(\mu_i\varphi_i)\sum_{j=0}^{i}\frac{\sqrt{\mu}_j}{\sqrt{\mu}_i}v_j+\sum_{i+1\leqslant j\leqslant N}\frac{\sqrt{\mu}_i}{\sqrt{\mu}_j}(\mu_j\varphi_j)v_j\right],\end{aligned} \tag{2.31}$$

和

$$\zeta_{\mathbf{v}}=\sup_{0\leqslant n\leqslant N}\frac{1}{\sqrt{\mu}_n b_n v_n-\sqrt{\mu_{n+1}^{-1}\mu_n b_n v_{n+1}}}\sum_{j=0}^{n}\sqrt{\mu}_j v_j$$

$$=\sup_{0\leqslant n\leqslant N}\frac{1}{\sqrt{b}_n v_n-\sqrt{a_{n+1}}v_{n+1}}\sum_{j=0}^{n}\frac{\sqrt{\mu}_j}{\sqrt{\mu_n b_n}}v_j,\tag{2.32}$$

其中, 式 (2.32) 是因为 $\mu_n b_n=\mu_{n+1}a_{n+1}$. 注意到

$$\mu_j\varphi_j=\sum_{k=j}^{N}\frac{\mu_j}{\mu_k b_k},$$

考虑到计算机处理的复杂性, 为了铲平相关的量并消除重复计算等因素的影响, 定义上三角矩阵 $M=(M_{kj})$ 和向量 $\Phi=(\Phi_k)$:

$$M_{kj}=\frac{\mu_k}{\mu_j},\qquad \Phi_k=\mu_k\varphi_k.$$

用 M, Φ 代替式 (2.31) 和式 (2.32) 相关的量, 即得改进的算法.

在给出改进的算法之前, 我们继续用如上想法计算例 2.4, 也用于对比分别用式 (2.32) 中的 ζ 和式 (2.31) 中的 δ 的计算速度.

例 2.5. (承例 2.4) 设矩阵 Q 如例 2.4 所示, 用迭代方程 (2.30), 分别用式 (2.31) 中的 $\delta_{\mathbf{v}^{(k)}}$ 和式 (2.32) 中的 $\zeta_{\mathbf{v}^{(k)}}$ 作为推移计算 $-Q$ 的代数最小特征对子. 表 2.2 和表 2.3 列出了不同 N 时特征值序列的计算结果.

表 2.2　用式 (2.32) 中的 $\zeta_{\mathbf{v}^{(k)}}$ 计算, 不同 N 的输出

$N+1$	$z^{(0)}$	$z^{(1)}$	$z^{(2)}$	$z^{(3)}$
8	0.253835	0.33544	0.342107	0.342148
100	0.171573	0.172686	0.172934	0.172941
5000	0.171573	0.171573 (1.597s)		
10000	0.171573	0.171573 (6.578s)		
15000	0.171573	0.171573 (29.160s)		

表中计算高阶矩阵需要的时间 (以秒为单位) 是用 MATLAB 自带的计时按钮 (“Run”) 输出的. 从表 2.2 可以看出, 至多计算三步便可得到六位精确有效数字. 事实上, 当 $N \geqslant 4500$ 时, 初值 $z^{(0)}$ 的前六位有效数字便与矩阵 $-Q$ 的代数最小特征值一致了($z^{(1)} \approx \lambda_0$).

作为对比, 用式 (2.31) 中的 $\delta_{\mathbf{v}^{(k)}}$ 计算矩阵 $-Q$ 的代数最小特征对子, 表 2.3 列出了特征值逼近序列的计算结果.

表 2.3 用式 (2.31) 中的 $\delta_{\mathbf{v}^{(k)}}$ 计算, 不同 N 的输出

$N+1$	$z^{(0)}$	$z^{(1)}$	$z^{(2)}$	$z^{(3)}$
8	0.304256	0.340851	0.342146	0.342148
16	0.195163	0.217878	0.219722	0.219732
100	0.171573	0.17269	0.172934	0.172941
5000	0.171573	0.171573 (2.814s)		
10000	0.171573	0.171573 (15.927s)		
15000	0.171573	0.171573 (96.483s)		

对比表 2.2 和表 2.3 可知, 分别取 ζ 和 δ 计算时, 此例都是最多计算三步便可得到期望的结果. 但用 ζ 可节省更多时间. 这是因为 ζ 利用了单重求和而 δ 则用的是双重求和. 它们的计算复杂度分别为 $O(N)$ 和 $O(N^2)$.

由算法 2.9 的收敛性证明及定理 2.5 (1) 可知, 将算法 2.9 中的 δ 换为 ζ, 收敛性仍然成立. 这样便得到了 ND 边界的生灭型三对角矩阵的代数最大特征对子的计算方法. 我们的问题是: 如何计算可厄米三对角矩阵 T 的代数最大特征对子? 这结合 h 变换, 即定理 2.1 可得. 设 $(\lambda_{\max}(T), \mathbf{g}_{\max})$ 是可厄米矩阵 T 的代数最大特征对子. 由定理 2.1 和定理 2.3, 分别采取如下等谱变换:

$$A=T-mI\xrightarrow{h}\widetilde{Q}=\operatorname{diag}(h)^{-1}A\operatorname{diag}(h)\xrightarrow{\widetilde{\mu}}Q^{\text{sym}}=\operatorname{diag}(\widetilde{\mu})^{1/2}\widetilde{Q}\operatorname{diag}(\widetilde{\mu})^{-1/2}.$$

应用算法 2.9 于矩阵 Q^{sym}, 最后输出 $(z,\mathbf{v})$ 是矩阵 $-Q^{\mathrm{sym}}$ 的代数最小特征对子的逼近, 故

$$\lambda_{\max}(T)\approx m-z,\qquad \mathbf{g}_{\max}\approx \mathrm{diag}\big(h\widetilde{\mu}^{-1/2}\big)\mathbf{v}.$$

由式 (2.7), 有

$$h_0=1,\ \ h_k=h_{k-1}\frac{\widetilde{b}_{k-1}}{b_{k-1}}.$$

又由 $\widetilde{\mu}$ 的定义, 可得

$$\widetilde{\mu}_0=1,\ \widetilde{\mu}_k=\widetilde{\mu}_{k-1}\frac{\widetilde{b}_{k-1}}{\widetilde{a}_k}.$$

因为

$$\frac{\widetilde{b}_{k-1}}{b_{k-1}}\left(\frac{\widetilde{b}_{k-1}}{\widetilde{a}_k}\right)^{-1/2}=\frac{1}{b_{k-1}}\sqrt{\widetilde{a}_k\widetilde{b}_{k-1}}=\frac{\sqrt{a_kb_{k-1}}}{b_{k-1}},$$

故

$$h_k^{\mu}=\frac{h_k}{\sqrt{\widetilde{\mu}_k}}=h_{k-1}^{\mu}\frac{\sqrt{b_{k-1}a_{k-1}}}{b_{k-1}},\quad h_0^{\mu}=1.$$

算法 2.11. 设三对角矩阵 T 形如式 (2.1), 满足可厄米条件, 即式 (2.2). 则经过如下几步, 可以计算出矩阵 T 的代数最大特征对子.

步骤 1. 一个推移, 两个等谱变换: $\boldsymbol{T}\xrightarrow{m-\mathbf{shift}}\widehat{\boldsymbol{T}}$,

$$\widehat{\boldsymbol{T}}\xrightarrow[\text{transforms}]{\text{isospectral}}\boldsymbol{T}^{\mathrm{sym}},\widehat{\boldsymbol{T}}\xrightarrow[\text{transforms}]{\text{isospectral}}\widetilde{\boldsymbol{T}}.$$

m 推移: 约定 $a_0=b_N=0$, 定义

$$m=\max_{0\leqslant j\leqslant N}\left(|a_j|+|b_j|-c_j\right)^+,\quad x^+=\max\{x,0\},$$

和

$$\widehat{c}_j=c_j+m\qquad 0\leqslant j\leqslant N,$$

得推移的三对角矩阵 $\widehat{T}\sim(a_j,-\widehat{c}_j,b_j)$.

对称变换: 令 $u_k=a_kb_{k-1}(k=1,\cdots,N)$. 按如下方式定义对称

三对角矩阵 $T^{\text{sym}} \sim (a_k^{\text{sym}}, -c_k^{\text{sym}}, b_k^{\text{sym}})$:

如果 T 是对称矩阵, 则

$$c_k^{\text{sym}} = \widehat{c}_k, \qquad a_k^{\text{sym}} = a_k, \qquad b_k^{\text{sym}} = b_k.$$

否则

$$c_k^{\text{sym}} = \widehat{c}_k, \ (k = 0, \cdots, N),$$
$$a_k^{\text{sym}} = b_{k-1}^{\text{sym}} = \sqrt{u_k}, \ (k = 1, 2, \cdots, N).$$

***h* 变换:** 按如下方式定义生灭型 Q 矩阵 $\widetilde{T} \sim (\widetilde{a}_k, -\widetilde{c}_k, \widetilde{b}_k)$:

$$\widetilde{c}_k = c_k + m, k = 0, 1, \cdots, N, \ \widetilde{b}_0 = \widetilde{c}_0 > 0,$$
$$\begin{cases} \widetilde{b}_k = \widetilde{c}_k - u_k/\widetilde{b}_{k-1}, \quad \widetilde{a}_k = u_k/\widetilde{b}_{k-1}, \quad k = 1, \cdots, N; \\ \widetilde{a}_N = u_N/\widetilde{b}_{N-1}. \end{cases}$$

则三对角矩阵 $\widetilde{T} \sim (\widetilde{a}_k, -\widetilde{c}_k, \widetilde{b}_k)$ 满足

(1) $(\widetilde{a}_k)$ 和 $(\widetilde{b}_k)$ 都是正的;

(2) 除掉第 $N+1$ $(\widetilde{c}_N \geqslant \widetilde{a}_N)$ 行外, 其他行的行和均为零.

步骤 2. 计算矩阵 $\widehat{T}$ 的代数最大特征对子 $\left(\mathbf{g}_{\max}, \lambda_{\max}^{\widehat{T}}\right)$.

若 $\widetilde{c}_N = \widetilde{a}_N$, 则 $\widehat{T}$ 的代数最大特征值为 $\lambda_{\max}^{\widehat{T}} = 0$, 其对应的特征向量为 $\mathbf{g}_{\max} = \{h_k\}_{k=0}^N$. 其中,

$$h_0 = 1, \quad h_k = h_{k-1}\frac{\widetilde{b}_{k-1}}{b_{k-1}}, \qquad 1 \leqslant k \leqslant N.$$

否则, 令 $\widetilde{b}_N = \widetilde{c}_N - \widetilde{a}_N$, 首先借助**步骤** 3 求得 T^{sym} 的代数最大特征对子的近似值 $\left(\mathbf{v}^{(k)}, -z^{(k)}\right)$, 然后回到 $\widehat{T}$ 的代数最大特征对子 $\left(\text{diag}(\mathbf{h}^{\mu})\mathbf{v}^{(k)}, -z^{(k)}\right)$, 即

$$\mathbf{g}_{\max} = \text{diag}(\mathbf{h}^{\mu})\mathbf{g}_{\max}^{\text{sym}} = \lim_{k\to\infty} \text{diag}(\mathbf{h}^{\mu})v^{(k)}, \quad \lambda_{\max}^{\widehat{T}} = -\lim_{k\to\infty} z^{(k)},$$

其中, 对角矩阵 $\text{diag}(\mathbf{h}^{\mu})$ 的对角元为 (h_k^{μ}):

$$h_0^\mu = 1,\ h_k^\mu = h_{k-1}^\mu \frac{\sqrt{u_k}}{b_{k-1}} \quad \left[= \prod_{j=1}^{k} \frac{\sqrt{u_j}}{b_{j-1}}\right], \qquad k \in \{1, 2, \cdots, N\}.$$

计算得到 $\left(\mathbf{g}_{\max}, \lambda_{\max}^{\widehat{T}}\right)$ 后, 由 **步骤 4** 得到 T 的代数最大特征对子 $(\mathbf{g}_{\max}, \lambda_{\max})$.

步骤 3. 计算 T^{sym} 的代数最大特征对子 $\left(\mathbf{g}_{\max}^{\text{sym}}, \lambda_{\max}^{\widehat{T}}\right)$.

首先需要定义中间变量和高效初值.

中间变量. 定义上三角矩阵 $M = (M_{kj})$:

$$M_{kk} = 1,\ M_{kj} = M_{k,j-1} \frac{\widetilde{a}_j}{\widetilde{b}_{j-1}}, \qquad 1 \leqslant k+1 \leqslant j \leqslant N. \tag{2.33}$$

高效初值. 令

$$\mathbf{w}^{(0)} = \sqrt{\mathbf{\Phi}}, \quad \mathbf{v}^{(0)} = \mathbf{w}^{(0)} \Big/ \sqrt{\mathbf{w}^{(0)\mathrm{T}} \mathbf{w}^{(0)}}, \quad z^{(0)} = \zeta_{\mathbf{v}^{(0)}}^{-1},$$

其中, 向量 $\mathbf{\Phi} = \{\Phi_k\}_{k=0}^N$ 由式 (2.33) 的中间变量定义,

$$\Phi_k = \sum_{k \leqslant j \leqslant N} \frac{M_{kj}}{\widetilde{b}_j}, \qquad 0 \leqslant k \leqslant N,$$

给定向量 $\mathbf{v}^{(0)}$, 数 $\zeta_{\mathbf{v}^{(0)}}$ 由向量 $\mathbf{v}^{(0)}$ 和中间变量式 (2.33) 定义. 即给定向量 $\mathbf{v}$, 数 $\zeta_{\mathbf{v}}$ 由式 (2.34) 定义如下.

$$\zeta_{\mathbf{v}} = \max_{0 \leqslant n \leqslant N} \frac{1}{\sqrt{\widetilde{b}_n} v_n - \sqrt{\widetilde{a}_{n+1}} v_{n+1}} \sum_{j=0}^{n} v_j \sqrt{\frac{M_{jn}}{\widetilde{b}_n}}. \tag{2.34}$$

其中, $\widetilde{a}_{N+1} = 0$, $\widetilde{b}_N = \widetilde{c}_N - \widetilde{a}_N$. 然后按照如下方式计算代数最大特征对子 $(\mathbf{g}_{\max}^{\text{sym}}, \lambda_{\max}^{\text{sym}})$.

若 初值 $\left(\mathbf{v}^{(0)}, z^{(0)}\right)$ 在误差允许的范围内满足

$$-T^{\text{sym}} \mathbf{v}^{(0)} = z^{(0)} \mathbf{v}^{(0)},$$

则

$$\mathbf{g}_{\max}^{\text{sym}} \approx \mathbf{v}^{(0)}, \qquad \lambda_{\max}^{\widehat{T}} \approx -z^{(0)}.$$

否则 进行如下的迭代.

迭代. 对 $k \geqslant 1$, 解关于 $\mathbf{w}^{(k)}$ 的方程:

$$\left(-T^{\mathrm{sym}}-z^{(k-1)}I\right)\mathbf{w}^{(k)}=\mathbf{v}^{(k-1)}.$$

定义

$$\mathbf{v}^{(k)}=\frac{\mathbf{w}^{(k)}}{\sqrt{\mathbf{w}^{(k)\mathrm{T}}\mathbf{w}^{(k)}}},\quad z^{(k)}=\frac{1}{\zeta_{\mathbf{v}^{(k)}}},$$

其中, $\zeta_{v^{(k)}}$ $(k\geqslant 0)$ 由式 (2.34) 定义. 则 $(\mathbf{v}^{(k)},-z^{(k)})$ 收敛于 T^{sym} 的代数最大特征对子 $(\mathbf{g}_{\max}^{\mathrm{sym}},\lambda_{\max}^{\widehat{T}})$:

$$\mathbf{g}_{\max}^{\mathrm{sym}}=\lim_{k\to\infty}\mathbf{v}^{(k)},\qquad \lambda_{\max}^{\widehat{T}}=-\lim_{k\to\infty}z^{(k)}.$$

步骤 4. 因为 $T=\widehat{T}+mI$, 所以 T 与 $\widehat{T}$ 有相同的特征向量 $\mathbf{g}_{\max}$, 且它们的代数最大特征值的关系为

$$\lambda_{\max}=m+\lambda_{\max}^{\widehat{T}}.$$

至此, 本书已经介绍完三对角矩阵代数最大特征对子的计算方法, 即算法 2.11. 算法的每一步发展见论文 [6–12]. 算法的收敛性证明见本人博士毕业论文 [32] 或本书算法 2.9 的证明. 每一步的发展脉络见图 2.4.

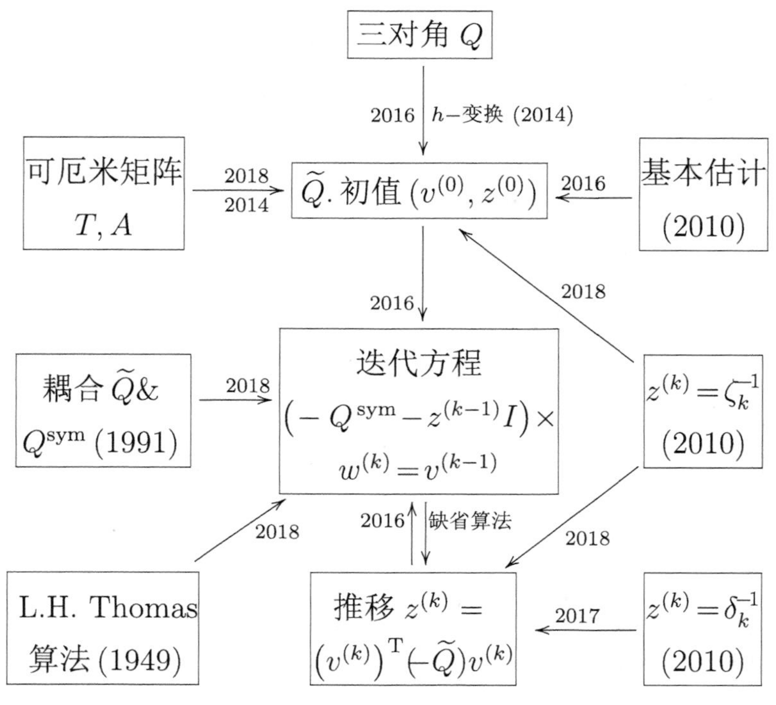

图 2.4　三对角矩阵高效算法的发展脉络图

注 2.12. 算法 2.11 与很多特征值计算方法的不同之处在于, 算法 2.11 的主要目标是获得最大特征向量, 最大特征值的逼近序列是其副产品. 事实上, 由本章的例子可以看出, 序列 $\{z^{(k)}\}$ 是单调的. 此外, 这里用 Thomas 算法解方程 (2.30).

注 2.13. 算法 2.11 有 3 个改进:

(1) 将 Householder 变换由 Hermitian 矩阵推广到可厄米矩阵 (Hermitizable) ([11; 定理 24]), 即将对称矩阵推广到了可配称矩阵;

(2) 将可厄米矩阵转换为生灭型 Q 矩阵(具有正的次对角元的三对角矩阵);

(3) 基于计算复杂度, 设计计算机的算法性程序.

例 2.6. (承例 2.1) 考虑矩阵

$$A=\begin{pmatrix} -2 & 2+2i & 1-i & 0 \\ 0.5-0.5i & -3 & 1-0.5i & 3+i \\ 1+i & 4+2i & -4 & 8+2i \\ 0 & 3-i & 2-0.5i & -5 \end{pmatrix}.$$

由 Householder 变换可将其化为对称三对角矩阵

$$T\approx\begin{pmatrix} -2 & 2 & & \\ 2 & -2.5 & 4.092676 & \\ & 4.092676 & -1.977612 & 2.622282 \\ & & 2.622282 & -7.522388 \end{pmatrix}.$$

尽管 Householder 变换后所得矩阵 T 是实对称的, 这里仍然需要用算法 2.11 中步骤 1 的推移和变换来产生高效初值. 矩阵 T 对应的 $m\approx 4.737347$. 由步骤 1, 可以得到矩阵

$$\widetilde{Q} \approx \begin{pmatrix} -6.737347 & 6.737347 & & & \\ 0.5937055 & -7.237347 & 6.643641 & & \\ & 2.521208 & -6.714959 & 4.193751 & \\ & & 1.639669 & -12.259735 \end{pmatrix}.$$

矩阵 $-\widetilde{Q}$ 的每行的行和为零(除掉最后一行) 且与矩阵 $T-mI$ 等谱(详见定理 2.1). 对于矩阵 $-\widetilde{Q}$, 可得它的代数最小特征对子的逼近序列. 但是, 为了铲平特征向量, 利用算法 2.11 的步骤 3, 计算矩阵 $Q^{\text{sym}} := T-mI$ 的特征向量. 因此, 利用步骤 3 中的 M, Φ 及 $\widetilde{Q}$ 的高效初值, 可直接转化为 Q^{sym} 的高效初值. 这里, Q^{sym} 的高效初值如下:

$$z^{(0)} \approx 1.531417, \quad \mathbf{v}^{(0)} \approx (0.463553, 0.566223, 0.588314, 0.344088)^{\text{T}}.$$

结合初值和 Q^{sym} 的迭代方程 (2.30), 可得 $-Q^{\text{sym}}$ 的最小特征值的逼近. 另外, 注意到

$$Q^{\text{sym}} = T - mI \simeq A - mI,$$

可得 A 的代数最大特征值(用 $\lambda(A)$ 表示)的逼近如下:

$$z^{(0)} \approx 3.205929, \quad z^{(1)} \approx 2.661892, \quad z^{(2)} \approx 2.628326, \quad z^{(3)} \approx 2.628164 \approx \lambda(A).$$

由例 2.6 可知, 算法 2.11 可计算可厄米矩阵的代数最大特征对子. 结合定理 2.4 可得可厄米矩阵的主特征值的计算方法.下面以三对角矩阵为例介绍.

二、 三对角矩阵特征对子的计算方法

给定可厄米三对角矩阵 $T \sim (a_k, -c_k, b_k)$, 记 $T^{-} \sim (a_k, c_k, b_k)$, 定理 2.4 给出了二者特征对子的关系. T 的代数最小特征值是 T^{-} 的代数最大特征值的相反数. 因此, 利用算法 2.11 可计算矩阵 T 的主特征对子.

算法 2.14. 给定可厄米矩阵 $T \sim (a_k, -c_k, b_k)$, 记 $T^- \sim (a_k, c_k, b_k)$, 定义酉矩阵 $U = \mathrm{diag}(u) : u_k = (-1)^k$, $0 \leqslant k \leqslant N$ 形如式 (2.13). 用如下步骤可计算矩阵 T 的主特征对子 $(\lambda_{\mathrm{pri}}, \mathbf{g}_{\mathrm{pri}})$.

步骤 1　应用算法 2.11 计算矩阵 $T \sim (a_k, -c_k, b_k)$ 的代数最大特征对子$(\lambda_{\max}, \mathbf{g}_{\max})$.

步骤 2　应用算法 2.11 计算矩阵 $T^- \sim (a_k, c_k, b_k)$ 的代数最大特征对子$(\lambda_{\max}^-, \mathbf{g}_{\max}^-)$.

步骤 3　若 $|\lambda_{\max}| < |\lambda_{\max}^-|$, 则 T 的主特征对子为其代数最小特征对子, 即

$$\lambda_{\mathrm{pri}} = -\lambda_{\max}^-, \quad g_{\mathrm{pri}} = U g_{\max}^-;$$

否则 T 的主特征对子为其代数最大特征对子, 即

$$\lambda_{\mathrm{pri}} = \lambda_{\max}, \quad g_{\mathrm{pri}} = g_{\max}.$$

下面以一个复矩阵的例子说明算法 2.14 的具体用法.

例 2.7. 考虑复矩阵

$$T = \begin{pmatrix} -2 & 2+i & & & & \\ 2^2(2-i) & -1 & 3+i & & & \\ & 2^2(3-i) & -3 & 1+2i & & \\ & & 1-2i & -2 & 2+3i & \\ & & & 2-3i & -4 & 2-i \\ & & & & 4+2i & 3 \end{pmatrix}.$$

则 T 的所有特征值为

$$-10.0244,\ -7.26296,\ -2.65371,\ 0.243075,\ 4.50158,\ 6.19640.$$

用算法 2.11 计算复矩阵 T 的代数最大特征对子. 由步骤 1 知,

$$m^T = \sqrt{5} + 4\sqrt{10} - 3.$$

表 2.4 列出了特征值的计算结果.

表 2.4　用算法 2.11 计算矩阵 T 的代数最大特征值的输出结果

$m^T-z^{(0)}$	$m^T-z^{(1)}$	$m^T-z^{(2)}$	$m^T-z^{(3)}$	$m^T-z^{(4)}$
7.31593	6.34282	6.20382	6.19644	6.19640

用算法 2.11 计算矩阵 T^- 的代数最大特征值, 由步骤 1 知,

$$m^{T^-}=4\sqrt{10}+\sqrt{5}+3.$$

所得特征值逼近序列见表 2.5.

表 2.5　用算法 2.11 计算矩阵 T^- 的代数最大特征值的输出结果

$m^{T^-}-z^{(0)}$	$m^{T^-}-z^{(1)}$	$m^{T^-}-z^{(2)}$	$z^{(3)}$
10.9971	10.1729	10.0298	10.0244

因此, 矩阵 T 的主特征值为其代数最小特征值.

定理 2.3 说明任意一个可厄米三对角矩阵与一个实对称三对角矩阵相似. 二分法是求解对称三对角矩阵全部特征值和特征向量的方法. 下面给出处理对称三对角矩阵的二分法的基本原理, 本书仅列出用到的原理, 读者可从相关的数值分析的计算书中找到证明方法.

考虑对称三对角矩阵

$$T=\begin{pmatrix}-c_0 & b_0 & & & & \\ b_0 & -c_1 & b_1 & & & \\ & b_1 & -c_2 & b_2 & & \\ & & \ddots & \ddots & \ddots & \\ & & & \ddots & \ddots & b_{N-1} \\ & & & & b_{N-2} & -c_N\end{pmatrix}.$$

不失一般性, 可假定 $b_i\neq 0\ (i=1,2,\cdots,n)$, 否则 T 可分解成几个对角块, 每个对角块仍然是对称三对角矩阵, 且次对角元都不为零, 此时, 各个对角块的特征值合在一起便是 T 的所有特征值.

用 $P_k(\lambda)$ 表示矩阵 $T-\lambda I$ 的 k 阶顺序主子式, 即

$$P_k(\lambda)=\begin{vmatrix} -c_0-\lambda & b_0 & & & \\ b_0 & -c_1-\lambda & \ddots & & \\ & \ddots & \ddots & b_k & \\ & \ddots & \ddots & b_{N-1} & \\ & & b_{N-2} & -c_N-\lambda \end{vmatrix},$$

约定 $P_{-1}(\lambda)\equiv 1$, 于是, $\{P_k(\lambda)\}$ 就是矩阵 T 的特征多项式, 且有递推关系式:

$$\begin{cases} P_0(\lambda)=-c_0-\lambda, \\ P_k(\lambda)=(-c_k-\lambda)P_{k-1}(\lambda)-b_{k-1}^2P_{k-2}(\lambda), \quad k=1,2,\cdots,n. \end{cases}$$

序列 $\{P_k(\lambda)\}$ 具有以下性质.

性质 2.15. $P_k(\lambda)\,(k=0,1,\cdots,n)$ 只有实根.

性质 2.16. 当 $k\geqslant 0$ 时, $P_k(-\infty)>0$, $P_k(+\infty)$ 的符号为 $(-1)^k$. 此处 $P_k(+\infty)$ 表示当 λ 充分大时 $P_k(\lambda)$ 的值, $P_k(-\infty)$ 表示 $-\lambda$ 充分大时 $P_k(\lambda)$ 的值.

性质 2.17. 当 $k\geqslant 0$ 时, 相邻两多项式 $P_k(\lambda)$, $P_{k+1}(\lambda)$ 无公共根.

性质 2.18. 若 $\tilde{\lambda}$ 是 $P_k(\lambda)\,(k\geqslant 0)$ 的根, 则

$$P_{k-1}(\tilde{\lambda})P_{k+1}(\tilde{\lambda})<0.$$

性质 2.19. $P_k(\lambda)\,(k=0,1,\cdots,k)$ 的根都是单重的, 且 $P_k(\lambda)$ 的根把 $P_{k+1}(\lambda)$ 的根严格隔开, 即若 $\lambda_j^{(k)}\,(j=0,1,\cdots,k)$ 是 $P_k(\lambda)$ 的根(不妨设 $\lambda_0^{(k)}<\lambda_1^{(k)}<\cdots<\lambda_k^{(k)}$), 则有

$$\lambda_0^{(k+1)}<\lambda_0^{(k)}<\lambda_1^{(k+1)}<\lambda_1^{(k)}<\cdots<\lambda_k^{(k)}<\lambda_{k+1}^{(k+1)}.$$

且 $P_k(\lambda)$ 在区间 $(-\infty,\lambda_0^{(k)}),\,(\lambda_0^{(k)},\lambda_1^{(k)}),\cdots,(\lambda_k^{(k)},+\infty)$ 内交错符号:

$$\operatorname{sgn}(P_k(\lambda))=\begin{cases}1, & \lambda\in(-\infty,\lambda_0^{(k)}),\\ (-1)^j, & \lambda\in(\lambda_j^{(k)},\lambda_{j+1}^{(k)}),\ j=0,1,\cdots,k-1,\\ (-1)^k, & k\in(\lambda_k^{(k)},+\infty).\end{cases}$$

对于实数 α, 定义 $s_k(\alpha)=P_k(\alpha)/P_{k-1}(\alpha)$:

$$\frac{P_0(\alpha)}{P_{-1}(\alpha)},\frac{P_1(\alpha)}{P_0(\alpha)},\cdots,\frac{P_n(\alpha)}{P_{n-1}(\alpha)}.$$

用 $\gamma(\alpha)$ 表示其中非负数的个数, 即

$$\gamma(\alpha)=\sharp\{s_k(\alpha)\geqslant 0,k=0,1,\cdots,N\}.$$

定理 2.20. 若 $n+1$ 阶实对称三对角矩阵 T 的所有次对角元素不为零, 则 $\gamma(\alpha)$ 是 $P_n(\lambda)$ 在区间 $[\alpha,+\infty)$ 中的根的个数, 即 T 的大于或等于 α 的特征值的个数.

基于以上结果, 设计算法求解矩阵的特征值. 注意到例 2.3 给出了三对角矩阵所有征值的上下界估计. 事实上, 由算法 2.14 可得三对角矩阵的代数最大和最小特征值, 分别记为 $\lambda_{\max}$ 和 $\lambda_{\min}$. 按如上方式定义修正的序列 $\{s_k(\alpha)\}_{k=0}^N$:

$$s_0(\alpha)=-c_0-\alpha$$

$$s_1(\alpha)=\begin{cases}-c_1-\alpha-b_0^2/s_0(\alpha), & s_0(\alpha)\neq 0,\\ -\varepsilon(0<\varepsilon\ll 1), & s_0(\alpha)=0,\end{cases}$$

$$s_k(\alpha)=\begin{cases}-c_k-\alpha-b_{k-1}^2/s_{k-1}(\alpha), & s_{k-1}(\alpha)\neq 0,\quad s_{k-2}(\alpha)\neq 0,\\ -c_k-\alpha, & s_{k-2}(\alpha)=0,\\ -\varepsilon(0<\varepsilon\ll 1), & s_{k-1}(\alpha)=0,\qquad (2\leqslant k\leqslant N).\end{cases}$$

下面给出 T 的第 k 个代数最大特征值的计算方法.

算法 2.21. (二分法) 给定实对称三对角矩阵 $T \sim (b_{k-1}, -c_k, b_k)$, 精度 tol 和 T 的第 $k-1$ 个代数最大特征值 λ_{k-1}. 记 $\xi_0 = \lambda_{k-1}$, $\eta = \lambda_{\min}$, $m = 1$, 定义

$$\xi_m = \frac{1}{N-k+1}\left[(N-k)\xi_0 + \eta\right],$$

计算

$$\gamma = \gamma(\xi_m).$$

若 $\gamma < k$, 则反复更新

$$m = m+1,\ \xi_m = \max\{3\xi_{m-1} - 2\xi_{m-2}, \eta\},\ \gamma = \gamma(\xi_m),$$

直到 $\gamma \geqslant k$. 定义区间 $[\beta_1, \beta_2] = [\xi_{m-1}, \xi_m]$.

若 $\beta_2 - \beta_1 > tol$, 则定义 $z = (\beta_1 + \beta_2)/2$, 当 $\gamma(z) \geqslant k$ 时, 更新 $\beta_2 = z$, 否则 $\beta_1 = z$.
这样得到 λ_k 的近似值为 $(\beta_1 + \beta_2)/2$.

注意到算法 2.21 的精度为 tol, 下面用反幂法得到其对应的特征向量, 并进一步改进 λ_k 的近似值.

算法 2.22. (反幂法) 给定实对称三对角矩阵 $T \sim (b_{k-1}, -c_k, b_k)$, 前 $k-1$ 个代数最大特征值对应的特征向量 $G := \{g_j\}_{j=1}^{k-1}$ 和用算法 2.21 计算得到的第 k 个代数最大的特征值 $\tilde{\lambda}_k$. 用下面的方法可得到较精确的第 k 个代数最大特征对子.

(1) **选取初始向量** 选择 $x \notin \mathrm{span}\{g_1, \cdots, g_{k-1}\}$, 计算得 $v^{(0)}$:

$$w^{(0)} = x - \sum_{j=1}^{k-1}\left[(g_j)^{\mathrm{T}} x\right] g_j, \qquad v^{(0)} = \frac{w^{(0)}}{\sqrt{\left(w^{(0)}\right)^{\mathrm{T}} w^{(0)}}}.$$

(2) **迭代** 给定 $\ell \geqslant 1$, 令 $z = \lambda_k - \epsilon$(这里 ϵ 是一个给定的修订), 设 $w = w^{(\ell)}$ 是如下方程的解

$$(T - z)w = v^{(\ell-1)}.$$

定义

$$v^{(\ell)} = \frac{w^{(\ell)}}{\sqrt{\left(w^{(\ell)}\right)^{\mathrm{T}} w^{(\ell)}}}.$$

继续迭代直到满足给定精度. 然后更新 $\tilde{\lambda} = \left(v^{(\ell)}\right)^{\mathrm{T}} T v^{(\ell)}$.

算法 2.14 给出了主特征对子的计算方法, 算法 2.21 和算法 2.22 可用于计算模长次最大特征对子. 具体分为以下三种情形:

情形 1. $\lambda_{\max} \leqslant 0$. T^{sym} 的前 k 个主特征对子是 T^{sym} 的前 k 代数最小特征对子.

情形 2. $\lambda_{\max}^{-} \leqslant 0$. T^{sym} 的前 k 个主特征对子是 T^{sym} 的前 k 代数最大特征对子.

情形 3. $\lambda_1 > 0$ 且 $\lambda_n < 0$. T^{sym} 的前 k 个主特征对子通过逐次比较两头的特征值获得.

算法 2.23. (计算前 n 个主特征对子) 给定形如式 (2.1) 不可约的可厄米三对角矩阵 $T \sim (a_k, -c_k, b_k)$, 由以下 5 步计算矩阵 T 的 $(N+1) \times n$ 阶的特征向量矩阵 G 和 $n \times 1$ 阶的特征值构成的向量 Λ.

步骤 1 由式 (2.11) 和式 (2.12) 得到对称矩阵

$$T^{\mathrm{sym}} \sim (a_\ell^{\mathrm{sym}}, -c_\ell^{\mathrm{sym}}, b_\ell^{\mathrm{sym}})$$

和向量 h^μ.

步骤 2 由算法 2.14 计算得 $(\lambda_{\max}^{\mathrm{sym}}, g_{\max}^{\mathrm{sym}})$ 和 $(\lambda_{\max}^{-\mathrm{sym}}, g_{\max}^{-\mathrm{sym}})$.

步骤 3 $k \leftarrow 1,\ k_1 \leftarrow 1,\ k_2 \leftarrow 1$,

$$upper \leftarrow \lambda_{\max}^{\mathrm{sym}},\ lower \leftarrow -\lambda_{\max}^{-\mathrm{sym}}$$

当 $k < n$ 时

若 $|upper| \geqslant |lower|$, 则 $\Lambda_k = upper$; $k_1 = k_1 + 1$;

更新 $upper = \mathrm{BISECTIONTRI}(T^{\mathrm{sym}}, \Lambda_k, lower, k_1)$;

若 $|upper| < |lower|$, 则 $\Lambda_k = lower$; $k_2 = k_2 + 1$;

更新 $lower = -\mathrm{BISECTIONTRI}(T^{-\mathrm{sym}}, -\Lambda_k, -upper, k_2)$;

步骤 4　比较模长得第 n 个主特征值.

若　$|upper| \geqslant |lower|$,　则 $\Lambda_n = upper$;

否则　$|upper| < |lower|$,　则 $\Lambda_n = lower$.

步骤 5　由推移的反幂法计算对应的特征向量.

若　$\Lambda_1 = \lambda_{\max}^{\mathrm{sym}}$,　则 $G^{\mathrm{sym}}(:,1) = g_{\max}^{\mathrm{sym}}$;

否则　$\Lambda_1 = -\lambda_{\max}^{-\mathrm{sym}}$;

$G^{\mathrm{sym}}(:,1)(k) = (-1)^k g_{\max}^{-\mathrm{sym}}(k),\ 0 \leqslant k \leqslant N$;

$j \leftarrow 2,\ v_p \leftarrow \mathbb{1}/\|\mathbb{1}\|$;

当　$2 \leqslant j \leqslant n$ 时,

$z = \Lambda_j - \epsilon;\quad v_p = v_p - \left[v_p^* G^{\mathrm{sym}}(:,j-1)\right] G^{\mathrm{sym}}(:,j-1)$;

$$(-T^{\mathrm{sym}} - zI)w = v_p,$$

用 $v \leftarrow w/\|w\|$ 更新 v 直到 $\|v - w/\|w\|\| < tol$.

$G^{\mathrm{sym}}(:,j) \leftarrow v.\qquad G = \mathrm{diag}(h^{\mu})G^{\mathrm{sym}}$.

下述例子给出了如上算法的效果.

例 2.8.　给定可厄米矩阵 $T \sim (a_j, -c_j, b_j)$, 用算法 2.23 计算其前六个模长最大特征值及其对应的特征向量. 这里取

$$a_j \equiv i,\quad b_j \equiv -2i,\quad c_j \equiv 3.$$

可以验证此时 T 的特征值的表达式为

$$\lambda_k^{\mathrm{exact}} = 2\sqrt{2}\cos\left(\frac{k\pi}{N+1}\right) - 3 < 0,\qquad k = 0, 1, \cdots N.$$

算法 2.23 算得的特征值的模长单调递减. 定义

$$\mathrm{ERR} = \max_{j=1,\cdots,6} |\lambda_j - \lambda_j^{\mathrm{exact}}|,\qquad \mathrm{ERR_v} = \|TV - VD\|_\infty.$$

这里矩阵 D 是以按模长最大的 6 个特征值为对角线的对角矩阵, V 是这 6 个特征值对应的特征值向量构成的矩阵. 表 2.6 给出了用算法 2.23 和 MATLAB 自带的函数 eigs 和 eig 计算得到的计算误差.

表 2.6　特征对子的计算误差

	N	100	150	180
Algorithm 2.23	ERR	4.537e–11	6.5648e–11	4.9708e–11
	$\mathrm{ERR_v}$	3.9261e–12	3.3203e–12	1.4049e–12
eigs	ERR	1.5508e–3	4.1412e–2	NaN
	$\mathrm{ERR_v}$	1.4104e–12	7.8693e–13	NaN
eig	ERR	4.9809e–8	5.7154e–4	1.4904e–3
	$\mathrm{ERR_v}$	4.663e–14	3.5971e–14	9.1953e–14

由表 2.6 可知，用函数 eigs 和 eig 计算可厄米矩阵 T 的特征对子不够准确. 事实上，由定理 2.3 可知，矩阵 T 与一个对称三对角矩阵相似，因此 T 的所有特征值都为实数. 而用 eigs 和 eig 计算时却出现了复数，这是不合理的.

三、三对角矩阵代数次最大特征对子的计算方法

由算法 2.11 中的步骤 1 可知，当 $\tilde{c}_N = \tilde{a}_N$ 时，算法 2.11 的步骤 1 构造的矩阵 $\widetilde{Q}$ 是保守矩阵. 因此矩阵 $\widetilde{Q}$ 具有代数最大特征值 0. 从概率角度看，此类正则 Q 矩阵的代数次最大特征值是其对应的 Q 过程的指数遍历速度. 本小节将介绍此类矩阵的代数次最大特征值及其对应的特征向量的计算方法. 不妨假设 $(N+1)\times(N+1)$ 阶 Q 矩阵具有如下形式:

$$Q=\begin{pmatrix}-b_0 & b_0 & & & & \\ a_1 & -(a_1+b_1) & b_1 & & & \\ & a_2 & -(a_2+b_2) & b_2 & & \\ & & \ddots & \ddots & \ddots & \\ & & & a_{N-1} & -(a_{N-1}+b_{N-1}) & b_{N-1} \\ & & & & a_N & -a_N\end{pmatrix}. \tag{2.35}$$

这里, $a_k b_{k-1} > 0\ (1 \leqslant k \leqslant N)$. 显然, 这个矩阵的代数最大特征值 $\lambda_0 = 0$, 其对应的最大特征向量为 $\mathbb{1}$(每个分量均为 1 的 $N+1$ 维向量). 注意到对于行和恒为常数 m 的三对角矩阵 T, 亦可通过平移 $T - mI$ 后得到形如式 (2.35) 的矩阵. 形如式 (2.15) 定义 μ :

$$\mu_0 = 1, \quad \mu_n = \mu_{n-1}\frac{b_{n-1}}{a_n}, \qquad 1 \leqslant n \leqslant N.$$

由 μ 定义矩阵

$$\mathcal{M} = \begin{pmatrix} \mu_0 & \mu_1 & \mu_2 & \cdots & \mu_N \\ & \mu_1 & \mu_2 & \cdots & \mu_N \\ & & \mu_2 & \cdots & \mu_N \\ & & & \ddots & \vdots \\ 0 & & & & \mu_N \end{pmatrix}. \tag{2.36}$$

则 $\widehat{Q} = \mathcal{M} Q \mathcal{M}^{-1}$ 将矩阵 Q 相似化简为

$$\widehat{Q} = \begin{pmatrix} 0 & 0 & 0 & & & \\ b_0 & -(a_1 + b_0) & a_1 & & & \\ & b_1 & -(a_2 + b_1) & a_2 & & \\ & & \ddots & \ddots & \ddots & \\ & & & b_{N-2} & -(a_{N-1} + b_{N-2}) & a_{N-1} \\ & & & & b_{N-1} & -(a_N + b_{N-1}) \end{pmatrix}.$$

去掉 $\widehat{Q}$ 的第一行和第一列, 可得 $N \times N$ 阶的矩阵:

$$\widehat{Q}_1 = \begin{pmatrix} -(a_1 + b_0) & a_1 & & & \\ b_1 & -(a_2 + b_1) & a_2 & & \\ & \ddots & \ddots & \ddots & \\ & & b_{N-2} & -(a_{N-1} + b_{N-2}) & a_{N-1} \\ & & & b_{N-1} & -(a_N + b_{N-1}) \end{pmatrix}.$$

所以, 矩阵 Q 去掉平凡特征值 0 后剩下的特征值与矩阵 $\widehat{Q}_1$ 的特征值相同. 将算法 2.11 应用于矩阵 $\widehat{Q}_1$, 可得其代数最大特征对子. 这里将要用到的变换过程为

$$\widehat{Q}_1 \sim (\hat{a}_k, -\hat{c}_k, \hat{b}_k) \xrightarrow{h} \widetilde{Q}_1 \sim (\widetilde{a}_k, -\widetilde{c}_k, \widetilde{b}_k) \xrightarrow{\tilde{\mu}} Q_1^{\text{sym}} \sim (a_k^{\text{sym}}, -c_k^{\text{sym}}, b_k^{\text{sym}}).$$

由上节的算法收敛性证明可得

$$h_1 = 1,\ h_k = h_{k-1}\frac{\tilde{b}_{k-1}}{\hat{b}_{k-1}} = h_{k-1}\frac{\tilde{b}_{k-1}}{a_{k-1}},$$
$$\tilde{\mu}_1 = 1,\ \tilde{\mu}_k = \tilde{\mu}_{k-1}\frac{\tilde{b}_{k-1}}{\tilde{a}_k}.$$

所以

$$\begin{aligned} h_k^{\mu} &= \frac{h_k}{\sqrt{\tilde{\mu}_k}} = \frac{h_{k-1}}{\sqrt{\tilde{\mu}_{k-1}}}\frac{\tilde{b}_{k-1}}{a_{k-1}}\left(\frac{\tilde{b}_{k-1}}{\tilde{a}_k}\right)^{-1/2} \\ &= \frac{h_{k-1}}{\sqrt{\tilde{\mu}_{k-1}}}\frac{1}{a_{k-1}}\sqrt{\hat{a}_k\hat{b}_{k-1}} = \frac{h_{k-1}}{\sqrt{\tilde{\mu}_{k-1}}}\sqrt{\frac{b_{k-1}}{a_{k-1}}}. \end{aligned}$$

设矩阵 Q_1^{sym} 的特征对子为 $(\lambda_1, \mathbf{v}^{\text{sym}})$, 则 $\widehat{Q}_1$ 对应于 λ_1 的特征向量为

$$\hat{\mathbf{g}} \approx \text{diag}\big(h^{\mu}\big)\mathbf{v}^{\text{sym}}.$$

$\widehat{Q}$ 的对应于 λ_1 的特征向量 $\mathbf{g}$ 为:

$$g(0) = 0, \quad g(k) = \hat{g}(k) \approx \left(\text{diag}\big(h^{\mu}\big)\mathbf{v}^{\text{sym}}\right)(k), \quad k \geqslant 1.$$

由 $\widehat{Q} = \mathcal{M}Q\mathcal{M}^{-1}$, 可得 Q 对应于 λ_1 的特征向量为 $\mathcal{M}^{-1}\mathbf{g}$.

通过以上分析, 可以得到行和恒为常数的三对角矩阵的代数次最大特征对子的计算方法, 见算法 2.24 (详见 [11; §4]). 为了后面叙述方便, 定义 $E_1 := \{k \in \mathbb{Z} | \ 1 \leqslant k \leqslant N\}$. 注意到 $E = E_1 \bigcup \{0\}$.

算法 2.24. 设 Q 是形如式 (2.35) 的三对角矩阵, 首先做准备步骤 $1 \sim 3$.

步骤 1. 定义 E_1 上的矩阵 $\widetilde{Q}_1 \sim (\widetilde{a}_k, -\widetilde{c}_k, \widetilde{b}_k)$:

$$\begin{cases} \widetilde{c}_k = a_k + b_{k-1}, \qquad 1 \leqslant k \leqslant N, \\ \widetilde{b}_1 = \widetilde{c}_1, \qquad \widetilde{b}_k = \widetilde{c}_k - \dfrac{a_{k-1}b_{k-1}}{\widetilde{b}_{k-1}}, \qquad 2 \leqslant k < N, \\ \widetilde{a}_k = \dfrac{a_{k-1}b_{k-1}}{\widetilde{b}_{k-1}}, \quad 2 \leqslant k \leqslant N. \end{cases}$$

与算法 2.11 的步骤 1 不同, 这里是对矩阵 $\widehat{Q}_1$ 做 h 变换得到 $\widetilde{Q}_1$. 由 $\widehat{Q}_1$ 的行和不为常数可知 $\widetilde{c}_N > \widetilde{a}_N$. 所以, 约定 $\widetilde{b}_N = \widetilde{c}_N - \widetilde{a}_N$.

步骤 2. 定义 E_1 上的对称矩阵 $Q_1^{\text{sym}} \sim (a_k^{\text{sym}}, -c_k^{\text{sym}}, b_k^{\text{sym}})$ 如下:

$$c_k^{\text{sym}} = \widetilde{c}_k, \qquad k \in E_1,$$

$$a_k^{\text{sym}} = b_{k-1}^{\text{sym}} = \sqrt{a_{k-1}b_{k-1}}, \qquad k \in E_1 \backslash \{1\}.$$

步骤 3. 定义 E_1 上的上三角矩阵 (M_{kj}) 和向量 (Φ_k):

$$M_{kk} = 1,\ M_{kj} = M_{k,j-1}\frac{\widetilde{a}_j}{\widetilde{b}_{j-1}} \quad \left[= \frac{\widetilde{a}_{k+1}\cdots\widetilde{a}_j}{\widetilde{b}_k\cdots\widetilde{b}_{j-1}}\right], \qquad 2 \leqslant k+1 \leqslant j \leqslant N,$$

$$\Phi_k = \frac{1}{\widetilde{b}_k} + \sum_{k+1 \leqslant j \leqslant N} \frac{\widetilde{a}_{k+1}\cdots\widetilde{a}_j}{\widetilde{b}_k\cdots\widetilde{b}_j} = \sum_{k \leqslant j \leqslant N} \frac{M_{kj}}{\widetilde{b}_j}, \qquad 1 \leqslant k \leqslant N.$$

准备好 $(\widetilde{a}_k, \widetilde{b}_k)$, Q_1^{sym}, M 和 Φ 后, 下面开始算法的迭代步骤 4 和步骤 5.

步骤 4. 给定向量 $\mathbf{v}^{(k)}$ $(k \geqslant 0)$, 定义

$$\zeta_{\mathbf{v}^{(k)}} = \sup_{1 \leqslant n \leqslant N} \frac{1}{\sqrt{\widetilde{b}_n}v_n^{(k)} - \sqrt{\widetilde{a}_{n+1}}v_{n+1}^{(k)}} \sum_{j=1}^{n} v_j^{(k)} \sqrt{\frac{M_{jn}}{\widetilde{b}_n}}, \quad k \geqslant 0, \quad (2.37)$$

约定 $\widetilde{a}_{N+1}=0$. 选取 $w_i^{(0)}=\sqrt{\Phi_i},\ i\in E_1$. 然后定义

$$\mathbf{v}^{(0)}=\frac{\mathbf{w}^{(0)}}{\sqrt{\mathbf{w}^{(0)\mathrm{T}}\mathbf{w}^{(0)}}},\qquad z^{(0)}=\frac{1}{\zeta_{\mathbf{v}^{(0)}}}.$$

其中, $\zeta_{\mathbf{v}^{(0)}}$ 由式 (2.37) 定义. 对 $k\geqslant 1$, $\mathbf{w}^{(k)}$ 是 E_1 上如下线性方程的解:

$$\big(-Q_1^{\mathrm{sym}}-z^{(k-1)}I\big)\mathbf{w}^{(k)}=\mathbf{v}^{(k-1)},$$

然后定义

$$\mathbf{v}^{(k)}=\frac{\mathbf{w}^{(k)}}{\sqrt{\mathbf{w}^{(k)\mathrm{T}}\mathbf{w}^{(k)}}},\qquad z^{(k)}=\frac{1}{\zeta_{\mathbf{v}^{(k)}}}.$$

这里, $\zeta_{\mathbf{v}^{(k)}}$ 也由式 (2.37) 定义. 记矩阵 $-Q_1^{\mathrm{sym}}$ 的代数最小特征对子为 $(\lambda_1^{\mathrm{sym}},\mathbf{g}^{\mathrm{sym}})$. 则

$$\lambda_1^{\mathrm{sym}}=\lim_{k\to\infty}z^{(k)},\qquad \mathbf{g}^{\mathrm{sym}}=\lim_{k\to\infty}\mathbf{v}^{(k)}.$$

步骤 5. 记 Q 的代数次最大特征对子为 $(-\lambda_1,\mathbf{f})$. 则

$$\lambda_1=\lambda_1^{\mathrm{sym}}=\lim_{k\to\infty}z^{(k)},\qquad \mathbf{f}=\mathcal{M}^{-1}\mathbf{g}=\lim_{k\to\infty}\big(\mathcal{M}^{-1}\mathbf{g}^{(k)}\big),$$

这里, $\mathcal{M}$ 是 $E\times E$ (注意到 $E=E_1\bigcup\{0\}$)上的矩阵, 形如式 (2.36). 向量 $\mathbf{g}$ 和 $\big(\mathbf{g}^{(k)}\big)$ 是 E 上的向量, 满足

$$g_0=0,\ g|_{E_1}=\mathrm{diag}\big(h^{\mu}\big)\mathbf{g}^{\mathrm{sym}},$$

且

$$g_0^{(k)}=0,\ g^{(k)}|_{E_1}=\mathrm{diag}\big(h^{\mu}\big)\mathbf{v}^{(k)}.$$

其中, $\mathrm{diag}\big(h^{\mu}\big)$ 是 E_1 上的对角矩阵, 具有对角元 $\big(h_k^{\mu}\big)$:

$$h_1^{\mu}=1,\quad h_k^{\mu}=h_{k-1}^{\mu}\sqrt{\frac{b_{k-1}}{a_{k-1}}}\quad\left[=\prod_{j=2}^{k}\sqrt{\frac{b_{j-1}}{a_{j-1}}}\right],\qquad k\in E_1\setminus\{1\}.$$

例 2.9 和 例 2.10 例证了算法 2.24 的高效性.

例 2.9.　考虑 E 上的矩阵 Q:

$$Q=\begin{pmatrix} -2 & 2 & & & \\ 1 & -3 & 2 & & \\ & 1 & -3 & 2 & \\ & \ddots & \ddots & \ddots & \\ & & 1 & -3 & 2 \\ & & & 1 & -1 \end{pmatrix}.$$

用算法 2.24 计算矩阵 $-Q$ 的代数次最小特征值, 不同 N 的输出结果如表 2.7 所示.

表 2.7　用算法 2.24 计算, 不同 N 的输出结果

$N+1$	$z^{(0)}$	$z^{(1)}$	$z^{(2)}$	$z^{(3)}$
100	0.171573	0.172709	0.172961	0.172969
5000	0.171573	0.171573		
10000	0.171573	0.171573		
15000	0.171573	0.171573		

对比表 2.7 和表 2.3, 可知当 $N \geqslant 1000$ 时, 输出结果相同, 这也反映了用有限逼近无穷的思想.

例 2.10. ([6; 例 25])　考虑矩阵

$$Q=\begin{pmatrix} -1 & 1 & & & \\ 1 & -5 & 2^2 & & \\ & 2^2 & -13 & 3^2 & \\ & \ddots & \ddots & \ddots & \\ & & (N-1)^2 & -N^2-(N-1)^2 & N^2 \\ & & & N^2 & -N^2 \end{pmatrix}.$$

用算法 2.24 计算矩阵 $-Q$ 的代数次最小特征值, 不同 N 的输出结果见表 2.8.

表 2.8 用算法 2.24 计算, 不同 N 的输出结果

$N+1$	$z^{(0)}$	$z^{(1)}$	$z^{(2)}$	$z^{(3)}$
8	0.60449	0.80318	0.820402	0.820539
16	0.481611	0.638168	0.650021	0.650141
50	0.379585	0.494848	0.5035	0.503596
100	0.344814	0.444154	0.451895	0.451977
500	0.299131	0.373782	0.380427	0.380497
1000	0.287724	0.354814	0.36116	0.361228
5000	0.270961	0.324518	0.330299	0.330367
7500	0.268149	0.318939	0.32459	0.324659
10000	0.266398	0.315346	0.320907	0.320976

第三章　非对称矩阵的特征值

在马氏链中, 单生过程与单死过程是经典的非对称马氏过程, 这两类过程的指数衰减速度和指数遍历速度的研究有待解决. 关于这两类过程的唯一性、常返性和遍历性, 张余辉等学者有相关研究, 详见文献 [39-42] 及其参考文献. 与对称马氏过程相比, 非对称马氏过程的研究更加困难, 所知结果有限. 本章主要处理有限状态空间的单生和单死 Q 矩阵代数最大特征值的对偶变分公式及相应估计. 这里的结果来源于作者的毕业论文 [32] 和作者与王玲娣的文章 [33].

这里值得一提的是, 由 Householder 变换可知, 非对称矩阵相似于一个 Hessenberg 矩阵, 因此可配称的非对称矩阵与 Hessenberg 矩阵相似. 而可配称的非对称矩阵具有实谱, 由此可推测, 与这类矩阵相似的 Hessenberg 矩阵具有实谱.

第一节　单生型 Q 矩阵的分类

陈木法在参考文献 [3] 中首次探索第一特征值的对偶变分公式和逼近定理. 在其文 [5] 中用分析的方法进一步研究了生灭过程的稳定速度. 这里想利用前文的想法研究单生过程和单死过程的相关性质. 本章仍然假设状态空间 $E=\{k|\, 0\leqslant k\leqslant N\}(N<\infty)$.

首先回顾单生 Q 矩阵的定义. 设 $Q=(q_{ij})_{i,j\in E}$ 为单生 Q 矩阵, 即 $q_{i,i+1}>0$ 但 $q_{i,i+j}=0, i\geqslant 0, j\geqslant 2$. 一般地, 可将单生 Q 矩阵分为

三种类型.

I 类: 对一切 $0 \leqslant i < N$, $q_i = \sum\limits_{j\neq i} q_{ij}$ 且 $q_N > \sum\limits_{j\neq N} q_{Nj}$. 此时, 可将状态 $N+1$ 看成右边界吸收的情形.

II 类: 存在 $0 \leqslant i < N$ 使得 $q_i > \sum\limits_{j\neq i} q_{ij}$. 此时, 可将 Q 矩阵视为带 killing 的情形.

III 类: 对一切 $0 \leqslant i \leqslant N$, $q_i = \sum\limits_{j\neq i} q_{ij}$. 此时, 称 Q 矩阵对应的过程是遍历的.

单生 Q 矩阵可视为一种特殊的下 Hessenberg 矩阵. 给定上述单生 Q 矩阵 $Q=(q_{ij})_{i,j\in E}$, 首先定义数 $q_{N,N+1}$ 和向量 $\mathbf{c}=(c_i)$:

$$q_{N,N+1}=\begin{cases} q_N-\sum\limits_{k=0}^{N-1} q_{Nk}, & q_N>\sum\limits_{k\in E} q_{Nk};\\ 1, & q_N=\sum\limits_{k\in E} q_{Nk}. \end{cases}$$

$$c_i=\sum_{k=0}^{i-1} q_{ik}+q_{i,i+1}-q_i, \quad 0\leqslant i\leqslant N. \tag{3.1}$$

然后做如下分解

$$Q=\operatorname{diag}(\mathbf{c})+\widetilde{Q}. \tag{3.2}$$

这里的 $\operatorname{diag}(\mathbf{c})$ 是以 $\mathbf{c}=(c_i)$ 为对角元的对角矩阵, $\mathbf{c}=(c_i)$ 称为 killing 项. 由以上定义及 Q 矩阵的性质可知 $c_\ell\leqslant 0$ $(0\leqslant \ell\leqslant N-1)$ 且 $c_N=0$ 或 $c_N=1$. 若 $c_\ell=0$ $(0\leqslant \ell\leqslant N-1)$, $c_N=1$, 则 Q 为具有双边反射边界的 III 类 Q 矩阵; 若 $c_\ell\equiv 0$ $(\ell\in E)$, 则 $Q=\widetilde{Q}$ 为 I 类 Q 矩阵; 否则 Q 为带 killing 的 II 类 Q 矩阵. 所以, 由式 (3.2) 分解得到的矩阵 $\widetilde{Q}$ 为满足 I 类边界条件的单生型 Q 矩阵. 对于 III 类 Q 矩阵, 我们关心其指数遍历速度, 即 $-Q$ 的代数次最小特征值. 事实上, I 类 Q 矩阵是基础, II 类 Q 矩阵通过类似定理 2.1 的 h 变换可

变为 I 类 Q 矩阵. 而 III 类 Q 矩阵的指数遍历速度可转化为 I 类 Q 矩阵的特征值研究. 下面给出 II 类单生 Q 矩阵的线性方程的解.

给定上述单生 Q 矩阵 $Q=(q_{ij})_{i,j\in E}$, 做完分解 (3.2) 后, 设 $F_k^{(k)}=1,\ k\in E$, 然后定义相关的两个序列.

$$q_n^{(k)}=\sum_{j=0}^{k}q_{nj}-c_n,\quad 0\leqslant k<n\leqslant N,$$

$$F_n^{(k)}=\frac{1}{q_{n,n+1}}\sum_{i=k}^{n-1}q_n^{(i)}F_i^{(k)},\quad 0\leqslant k<n\leqslant N. \tag{3.3}$$

给定向量 $g=(g_i)_{0\leqslant i\leqslant N}$, 定义算子 Λ 如下

$$\Lambda_i(g)=\sum_{k=i}^{N}\sum_{j=0}^{k}\frac{F_k^{(j)}g_j}{q_{j,j+1}},\qquad 0\leqslant i\leqslant N. \tag{3.4}$$

本书约定 $\sum_\emptyset=0$. 关于单生 Q 矩阵的 Poisson 方程, 有如下重要结论和推论.

定理 3.1.　给定非保守的单生 Q 矩阵 $Q=(q_{ij})$ 和函数 f，定义函数

$$g_k=\frac{\Lambda_0(f)}{1-\Lambda_0(\mathbf{c})}\Lambda_k(\mathbf{c})+\Lambda_k(f),\qquad k\in E.$$

则函数 $g=(g_k)_{k\in E}$ 是 Poisson 方程

$$(-Qg)(k)=f_k,\qquad k\in E. \tag{3.5}$$

的唯一解.

证明　首先, 由引理 1.26 知, $-Q$ 的逆存在且 $(-Q)^{-1}>0$, 故 Poisson 方程 (3.5) 存在唯一解:

$$g_k=\left((-Q)^{-1}f\right)(k),\qquad k\in E.$$

其次, 由 Q 的分解式 (3.2)、上述函数 g 和任意 $0 \leqslant k \leqslant N$, 有

$$\begin{aligned}(Qg)(k) &= (\widetilde{Q}g)(k) + c_k g_k \\ &= \sum_{j=0}^{k-1}\left(q_{kj}\sum_{i=j}^{k-1}(g_i - g_{i+1})\right) - q_{k,k+1}(g_k - g_{k+1}) \\ &\quad - c_k\sum_{i=0}^{k-1}(g_i - g_{i+1}) + c_k g_0.\end{aligned}$$

交换第一项的求和次序, 由 $q_k^{(i)}$ 的定义, 有

$$\begin{aligned}(Qg)(k) &= \left[\sum_{i=0}^{k-1}\left(\left(\sum_{j=0}^{i} q_{kj} - c_k\right)(g_i - g_{i+1})\right)\right] \\ &\quad - q_{k,k+1}(g_k - g_{k+1}) + c_k g_0 \\ &= \sum_{i=0}^{k-1}\left(q_k^{(i)}(g_i - g_{i+1})\right) - q_{k,k+1}(g_k - g_{k+1}) + c_k g_0.\end{aligned} \tag{3.6}$$

约定 $g_{N+1} = 0$, 则

$$g_k - g_{k+1} = \frac{\Lambda_0(f)}{1-\Lambda_0(\mathbf{c})}\sum_{j=0}^{k}\frac{F_k^{(j)}}{q_{j,j+1}}c_j + \sum_{j=0}^{k}\frac{F_k^{(j)}}{q_{j,j+1}}f_j.$$

将其代入式 (3.6), 可得

$$\begin{aligned}(Qg)(k) = &\frac{\Lambda_0(f)}{1-\Lambda_0(\mathbf{c})}\left[\sum_{i=0}^{k-1}\left(q_k^{(i)}\sum_{j=0}^{i}\frac{F_i^{(j)}}{q_{j,j+1}}c_j\right) - q_{k,k+1}\sum_{j=0}^{k}\frac{F_k^{(j)}}{q_{j,j+1}}c_j\right] + \\ &c_k g_0 + \left[\sum_{i=0}^{k-1}\left(q_k^{(i)}\sum_{j=0}^{i}\frac{F_i^{(j)}}{q_{j,j+1}}f_j\right) - q_{k,k+1}\sum_{j=0}^{k}\frac{F_k^{(j)}}{q_{j,j+1}}f_j\right].\end{aligned}$$

注意到 $g_0 = \Lambda_0(f)/(1-\Lambda_0(\mathbf{c}))$, 交换上述双重求和次序, 结合 $F_n^{(k)}$ 的

定义式 (3.3), 可得

$$
\begin{aligned}
(Qg)(k)=&\frac{\Lambda_0(f)}{1-\Lambda_0(\mathbf{c})}\left[\sum_{j=0}^{k-1}\frac{c_j}{q_{j,j+1}}\left(\sum_{i=j}^{k-1}q_k^{(i)}F_i^{(j)}\right)-q_{k,k+1}\sum_{j=0}^{k}\frac{F_k^{(j)}}{q_{j,j+1}}c_j\right]+\\
&c_k\frac{\Lambda_0(f)}{1-\Lambda_0(c)}+\left[\sum_{j=0}^{k-1}\frac{f_j}{q_{j,j+1}}\left(\sum_{i=j}^{k-1}q_k^{(i)}F_i^{(j)}\right)-q_{k,k+1}\sum_{j=0}^{k}\frac{F_k^{(j)}}{q_{j,j+1}}f_j\right]\\
=&\frac{\Lambda_0(f)}{1-\Lambda_0(\mathbf{c})}\left[\sum_{j=0}^{k-1}\frac{c_j}{q_{j,j+1}}q_{k,k+1}F_k^{(j)}-q_{k,k+1}\sum_{j=0}^{k}\frac{F_k^{(j)}}{q_{j,j+1}}c_j\right]+\\
&c_k\frac{\Lambda_0(f)}{1-\Lambda_0(\mathbf{c})}+\left[\sum_{j=0}^{k-1}\frac{f_j}{q_{j,j+1}}q_{k,k+1}F_k^{(j)}-q_{k,k+1}\sum_{j=0}^{k}\frac{F_k^{(j)}}{q_{j,j+1}}f_j\right]\\
=&-f_k,
\end{aligned}
$$

所以 $g=(g_k)_{k\in E}$ 是方程 (3.5) 的解.

推论 3.2. 假设单生矩阵 Q 满足定理 3.1 的条件, 则 Q 可逆且其逆矩阵 $A=(a_{ij})=(-Q)^{-1}$ 有如下表达

$$
a_{ij}=\frac{1}{q_{j,j+1}}\left(\frac{\Lambda_i(\mathbf{c})}{1-\Lambda_0(\mathbf{c})}\sum_{k=j}^{N}F_k^{(j)}+\sum_{k=i\vee j}^{N}F_k^{(j)}\right).
$$

证明　因为矩阵 Q 可逆, 所以 Poisson 方程 (3.5) 的唯一解为 $g_k=(Af)_k$. 应用

$$
\sum_{k=i}^{N}\sum_{\ell=0}^{k}\frac{F_k^{(\ell)}}{q_{\ell,\ell+1}}f_\ell=\sum_{\ell=0}^{N}\left(\frac{1}{q_{\ell,\ell+1}}\sum_{k=i\vee\ell}^{N}F_k^{(\ell)}\right)f_\ell,\qquad 0\leqslant i\leqslant N.
$$

于定理 3.1, 得

$$
\begin{aligned}
g_i&=\frac{\Lambda_i(\mathbf{c})}{1-\Lambda_0(\mathbf{c})}\sum_{\ell=0}^{N}\left(\frac{1}{h_{\ell,\ell+1}}\sum_{k=\ell}^{N}F_k^{(\ell)}\right)f_\ell+\sum_{\ell=0}^{N}\left(\frac{1}{h_{\ell,\ell+1}}\sum_{k=i\vee\ell}^{N}F_k^{(\ell)}\right)f_\ell\\
&=\sum_{\ell=0}^{N}a_{i\ell}f_\ell.
\end{aligned}
$$

固定 $0 \leqslant j \leqslant N$, 取 $f(\ell) = \mathbf{1}_{\{j\}}(\ell)$, 则

$$a_{ij} = \frac{1}{h_{j,j+1}}\left(\frac{\Lambda_i(\mathbf{c})}{1-\Lambda_0(\mathbf{c})}\sum_{k=j}^{N} F_k^{(j)} + \sum_{k=i\vee j}^{N} F_k^{(j)}\right).$$

特别地, 若单生 Q 矩阵为 I 类边界的矩阵, 则 $c_k \equiv 0, k \in E$. 因此,下面的推论 3.3 可作为推论 3.2 的推论.

推论 3.3. ([13; 命题 26]) 设矩阵 Q 是不可约、全稳定的具有 I 类边界条件的单生 Q 矩阵, 则矩阵 $-Q$ 的逆可表达为 $(-Q)^{-1} = H = (h_{ij})$:

$$h_{ij} = \frac{1}{q_{j,j+1}}\sum_{k=i\vee j}^{N} F_k^{(j)} > 0, \qquad 0 \leqslant i, j \leqslant N.$$

第二节 单生过程代数最大特征值的逼近定理

本节研究可逆单生 Q 矩阵的代数最大特征值及其对应的特征向量. 设可逆单生 Q 矩阵 $Q = (q_{ij})_{0\leqslant i,j\leqslant N}$ 满足

$$q_i \geqslant \sum_{j=0}^{i-1} q_{ij} + q_{i,i+1}, \ (0 \leqslant i \leqslant N). \tag{3.7}$$

这里 $q_{N,N+1}(>0)$ 是一个正常数, 则 $-Q$ 是一个有限状态单生过程的生成元. 由 Perron-Frobenius 定理, $-Q$ 的代数最小特征值 λ_0 为正且满足

$$0 < \lambda_0 < |\lambda_1| \leqslant \cdots \leqslant |\lambda_N|,$$

其中 $\{\lambda_k\}_{0\leqslant k\leqslant N}$ 是 $-Q$ 的所有特征值. 类似式 (3.3), 令 $F_k^{(k)} = 1 \ (0 \leqslant k \leqslant N)$, 对 $0 \leqslant k < n \leqslant N$, 定义

$$q_n^{(k)} = \sum_{j=0}^{k} q_{nj} - c_n, \qquad F_n^{(k)} = \frac{1}{q_{n,n+1}}\sum_{i=k}^{n-1} q_n^{(i)} F_i^{(k)}.$$

给定函数 $f > 0$, 用式 (3.4) 的算子定义

$$\Lambda_i(f)=\sum_{k=i}^{N}\sum_{j=0}^{k}\frac{F_k^{(j)}f_j}{q_{j,j+1}},\qquad 0\leqslant i\leqslant N.$$

由定理 1.26 可知, $-Q$ 可逆. 令 $A=(-Q)^{-1}$. 由推论 3.2 可知, 矩阵 $-Q$ 的逆矩阵 $A=(a_{ij})$ 的表达式为

$$a_{ij}=\frac{1}{q_{j,j+1}}\left(\frac{\Lambda_i(c)}{1-\Lambda_0(c)}\sum_{k=j}^{N}F_k^{(j)}+\sum_{k=i\vee j}^{N}F_k^{(j)}\right).\tag{3.8}$$

给定常数 α 和满足式 (3.7) 的 Q 矩阵, 令 $F_k^{\alpha\cdot(k)}=1\ (0\leqslant k\leqslant N)$, 对 $0\leqslant k<n\leqslant N$, 定义两序列 $q_n^{\alpha\cdot(k)}$ 和 $F_n^{\alpha\cdot(k)}$ 如下:

$$q_n^{\alpha\cdot(k)}=q_n^{(k)}-\alpha,\qquad\qquad F_n^{\alpha\cdot(k)}=\frac{1}{q_{n,n+1}}\sum_{i=k}^{n-1}q_n^{\alpha\cdot(i)}F_i^{\alpha\cdot(k)}.$$

定义算子 Λ_k^{α} 为

$$\Lambda_i^{\alpha}(f)=\sum_{k=i}^{N}\sum_{j=0}^{k}\frac{F_k^{\alpha\cdot(j)}f_j}{q_{j,j+1}},\qquad 0\leqslant i\leqslant N,$$

这里 $f=(f_i)$ 是定义在 E 上的函数. 用矩阵 I 表示单位矩阵, 向量 $\mathbf{1}$ 的所有分量都为 1. 若矩阵 $(-Q-\alpha I)$ 可逆, 设其逆矩阵为 $A^{\alpha}=(-Q-\alpha I)^{-1}$, 则由推论 3.2 可知, 矩阵 $A^{\alpha}=(a_{ij}^{\alpha})$ 有如下表示:

$$a_{ij}^{\alpha}=\frac{1}{q_{j,j+1}}\left(\frac{\Lambda_i^{\alpha}(c+\alpha\cdot\mathbf{1})}{1-\Lambda_0^{\alpha}(c+\alpha\cdot\mathbf{1})}\sum_{k=j}^{N}F_k^{\alpha\cdot(j)}+\sum_{k=i\vee j}^{N}F_k^{\alpha\cdot(j)}\right).\tag{3.9}$$

因此, 固定任意正函数 g, 有

$$A^{\alpha}g(i)=\sum_{j=0}^{N}\frac{1}{q_{j,j+1}}\left(\frac{\Lambda_i^{\alpha}(c+\alpha\cdot\mathbf{1})}{1-\Lambda_0^{\alpha}(c+\alpha\cdot\mathbf{1})}\sum_{k=j}^{N}F_k^{\alpha\cdot(j)}g_j+\sum_{k=i\vee j}^{N}F_k^{\alpha\cdot(j)}g_j\right).\tag{3.10}$$

由定理 1.26 可知, $A=(-Q)^{-1}$ 逐点为正. 应用经典的 Collatz-Wielandt 公式于矩阵 A 的主特征值 $\rho(A)$, 有

$$\sup_{x>0}\min_{i\in E}\frac{(Ax)_i}{x_i}=\rho(A)=\inf_{x>0}\max_{i\in E}\frac{(Ax)_i}{x_i}.$$

因此, 给定正函数 $f=(f_k)_{k\in E}$, $\min\limits_{0\leqslant k\leqslant N}\dfrac{f_k}{(Af)_k}$ 是矩阵 $-Q$ 的代数最小特征值的下界. 记 (f,λ_0) 为矩阵 $-Q$ 的代数最小特征值, 则 $\rho(A)=\lambda_0^{-1}$. 由定理 1.26 和推论 3.2 知, 任意 $\alpha<\lambda_0$, 矩阵 $(-Q-\alpha I)^{-1}$ 存在且有显示表示. 下面给出矩阵 $-Q$ 的代数最小特征对子 (f,λ_0) 的逼近定理 3.4. 下面的逼近定理是经典幂法的加速.

定理 3.4. ((f,λ_0) 的逼近程序) 设矩阵 $Q=(q_{ij})$ 是满足式 (3.7) 的单生矩阵. 用 (f,λ_0) 代表矩阵 $-Q$ 的代数最小特征对子. 给定向量 $g^{(0)}=(g_k^{(0)})_{0\leqslant k\leqslant N}$, 定义

$$\alpha_0=\min_{0\leqslant k\leqslant N}\frac{g_k^{(0)}}{(Ag^{(0)})_k},$$

对 $n\geqslant 1$, 令

$$g^{(n)}=A^{\alpha_{n-1}}g^{(n-1)},\quad \alpha_n=\min_{0\leqslant k\leqslant N}\frac{g_k^{(n)}}{(Ag^{(n)})_k},$$

其中矩阵 $A=(a_{ij})$ 和 $A^{\alpha_n}=(a_{ij}^{\alpha_n})$ 为由式 (3.8) 和式 (3.9) 定义的矩阵 $-Q$ 和 $(-Q-\alpha_n I)$ 的逆矩阵, 且 $A^{\alpha_{n-1}}g^{(n-1)}$ 由式 (3.10) 定义. 则 $(g^{(n)}/\|g^{n)}\|,\alpha_n)$ 是 (f,λ_0) 的逼近序列,其中 $\|\cdot\|$ 代表模长. 进一步,

$$\lim_{n\to\infty}\frac{g^{(n)}}{\|g^{(n)}\|}=\frac{f}{\|f\|},\qquad \lim_{n\to\infty}\alpha_n\uparrow=\lambda_0.$$

证明 设矩阵 $-Q$ 的特征值为 $\{\lambda_m\}$. 由 $A=(-Q)^{-1}$ 存在知, 存在分别对应于特征值 λ_m 的线性无关的特征函数 $f^{(m)}=\left(f_k^{(m)}\right)_{0\leqslant k\leqslant N}$, 即对 $0\leqslant m\leqslant N$, 有

$$(-Qf^{(m)})(k)=\lambda_m f_k^{(m)},\qquad 0\leqslant k\leqslant N\quad \left(f=f^{(0)}\right).$$

且

$$(Af^{(m)})(k)=\lambda_m^{-1}f_k^{(m)},\qquad 0\leqslant k\leqslant N.$$

因此, 矩阵 A^{α_n} 的特征对子为 $(f^{(n)},1/(\lambda_i-\alpha_n))$, $0\leqslant i\leqslant N$ 且

$$A^{\alpha_n} g^{(0)} = \sum_{i=0}^{N} \frac{\theta_i}{\lambda_i - \alpha_n} f^{(i)}, \qquad n \geqslant 0. \tag{3.11}$$

由 Perron-Frobenius 定理可知, λ_0 和 f 均为正. 因此, 存在序列 (θ_k), $\theta_0 \neq 0$ 满足 $g^{(0)} = \sum\limits_{i=0}^{N} \theta_i f^{(i)}$. 则

$$\begin{aligned}
\frac{g^{(n+1)}}{\|g^{(n+1)}\|} &= \frac{A^{\alpha_n} g^{(n)}}{\|A^{\alpha_n} g^{(n)}\|} = \frac{\prod_{\ell=0}^{n} A^{\alpha_\ell} g^{(0)}}{\|\prod_{\ell=0}^{n} A^{\alpha_\ell} g^{(0)}\|} \\
&\overset{(3.11)}{=} \frac{\displaystyle\sum_{i=0}^{N} \frac{\theta_i}{\prod_{\ell=0}^{n}(\lambda_i - \alpha_\ell)} f^{(i)}}{\left\|\displaystyle\sum_{i=0}^{N} \frac{\theta_i}{\prod_{\ell=0}^{n}(\lambda_i - \alpha_\ell)} f^{(i)}\right\|} \\
&= \frac{f + \displaystyle\sum_{i=1}^{N} \frac{\theta_i}{\theta_0} \prod_{\ell=0}^{n} \left(\frac{\lambda_0 - \alpha_\ell}{\lambda_i - \alpha_\ell}\right) f^{(i)}}{\left\| f + \displaystyle\sum_{i=1}^{N} \frac{\theta_i}{\theta_0} \prod_{\ell=0}^{n} \left(\frac{\lambda_0 - \alpha_\ell}{\lambda_i - \alpha_\ell}\right) f^{(i)} \right\|}.
\end{aligned}$$

由

$$\prod_{\ell=0}^{n} \left|\frac{\lambda_0 - \alpha_\ell}{\lambda_i - \alpha_\ell}\right| \leqslant \left|\frac{\lambda_0}{\lambda_i}\right|^{n+1} \to 0, \quad n \to \infty, \quad i > 0,$$

可得 $\lim\limits_{n\to\infty} \dfrac{g^{(n)}}{\|g^{(n)}\|} = \dfrac{f}{\|f\|}$.

下面证明 $\alpha_n \leqslant \alpha_{n+1}$ $(n \geqslant 1)$.

由 α_n 的定义可知,

$$\alpha_n \left(A g^{(n)}\right)(\ell) \leqslant g_\ell^{(n)}, \qquad \ell \in E. \tag{3.12}$$

进一步可得

$$\begin{aligned}
0 < g^{(n+1)}(\ell) &= A^{\alpha_n} g^{(n)}(\ell) \\
&= A\left(I - \alpha_n A\right)^{-1} g^{(n)}(\ell) \\
&= A \sum_{k=0}^{\infty} \left(\alpha_n A\right)^k g^{(n)}(\ell),
\end{aligned}$$

此外,

$$\begin{aligned}
A\sum_{k=0}^{\infty}\left(\alpha_n A\right)^k g^{(n)}(\ell) &= Ag^{(n)}(\ell)+A\sum_{k=1}^{\infty}\left(\alpha_n A\right)^k g^{(n)}(\ell)\\
&\overset{(3.12)}{\leqslant} \frac{g_\ell^{(n)}}{\alpha_n}+A\sum_{k=1}^{\infty}\left(\alpha_n A\right)^{k-1} g^{(n)}(\ell)\\
&= \frac{1}{\alpha_n}\left(g_\ell^{(n)}+\alpha_n A\sum_{k=1}^{\infty}\left(\alpha_n A\right)^{k-1} g^{(n)}(\ell)\right)\\
&= \frac{1}{\alpha_n}\left(I-\alpha_n A\right)^{-1} g^{(n)}(\ell)\\
&= \frac{1}{\alpha_n}(-Q)A^{\alpha_n}g^{(n)}(\ell)=\frac{1}{\alpha_n}(-Q)g^{(n+1)}.
\end{aligned}$$

即

$$0<g^{(n+1)}(\ell)\leqslant\frac{1}{\alpha_n}(-Q)g^{(n+1)}.$$

因为矩阵 $A=(-Q)^{-1}$ 逐点为正, 所以

$$\alpha_n A g^{(n+1)}\leqslant g^{(n+1)}.$$

即

$$\alpha_n\leqslant\frac{g^{(n+1)}(\ell)}{Ag^{(n+1)}(\ell)}.$$

公式两端关于 ℓ 取小, 可得

$$\alpha_n\leqslant\min_{\ell}\frac{g^{(n+1)}(\ell)}{Ag^{(n+1)}(\ell)}=\alpha_{n+1}.$$

又由 $\lim\limits_{n\to\infty}g^{(n)}/|g^{(n)}\|=f/\|f\|$, 和 Collatz-Wielandt 公式, 可得

$$\lim_{n\to\infty}\alpha_n=\lambda_0.$$

注 3.5. 理论上, 定理 3.4 等价于如下变化推移的逆迭代. 设矩阵 $Q=(q_{ij})$ 为形如式 (3.7) 的 Q 矩阵且 $g^{(0)}=(g_k^{(0)})_{0\leqslant k\leqslant N}$ 是一个正向量, 定义 $\alpha_0=\min\limits_{0\leqslant k\leqslant N}\dfrac{g_k^{(0)}}{((-Q)^{-1}g^{(0)})_k}$, 对 $n\geqslant 1$, 设函数 g 为如下方程

的解

$$(-Q-\alpha_{n-1}I)g^{(n)}=g^{(n-1)},$$

定义 $\alpha_n=\min\limits_{0\leqslant k\leqslant N}\dfrac{g_k^{(n)}}{((-Q)^{-1}g^{(n)})_k}$. 则 $(g^{(n)}/\|g^{(n)}\|,\alpha_n)$ 是 (f,λ_0) 的逼近序列.

实际上, 定理 3.4 的优势为逆矩阵 $(-Q)^{-1}$ 和 $(-Q-\alpha_n I)^{-1}$ 具有显示表达.

注 3.6. 在经典的幂法中, 向量序列 $\{g^{(n)}\}$ 的收敛速度等价于如下极限:

$$\left|\frac{\lambda_0}{\lambda_1}\right|^n\to 0,\quad n\to\infty.$$

由定理 3.4 的证明可以看出, 其特征向量序列 $\{g^{(n)}\}$ 的收敛速度等价于如下极限:

$$\prod_{\ell=0}^{n-1}\left|\frac{\lambda_0-\alpha_\ell}{\lambda_1-\alpha_\ell}\right|\to 0,\quad n\to\infty,$$

且 $0<\alpha_n\uparrow\lambda_0$ as $n\to\infty$. 因此, 逼近方法提高了经典幂法的收敛速度.

下面给出两例阐述上述逼近定理的效果.

例 3.1. 定义 $a_k=1/k$, $2\leqslant k\leqslant N$ 和

$$Q=\begin{pmatrix}-1 & 1 & 0 & 0\cdots & \cdots & 0\\ a_2 & -a_2-2 & 2 & 0\cdots & \cdots & 0\\ a_3 & 0 & -a_3-3 & 3\cdots & \cdots & 0\\ \vdots & \vdots & \vdots & \vdots\ \vdots & \vdots & \vdots\\ a_{N-1} & 0 & 0 & 0\cdots & -a_{N-1}-(N-1) & N-1\\ a_N & 0 & 0 & 0\cdots & 0 & -a_N-N\end{pmatrix}.$$

取 $g^{(0)}=\mathbf{1}=(1,1,\cdots,1)^{\mathrm{T}}$, 利用定理 3.4 的逼近程序, 特征值逼近序列 $\{\alpha_n\}$ 的输出结果列于表 3.1, 特征函数逼近列 $\left\{g^{(n)}|g^{(n)}=\left(g_k^{(n)}\right)_{1\leqslant k\leqslant N}\right\}$ 的极限见图 3.1.

表 3.1　例 3.1 中矩阵 $-Q$ 的特征值的逼近序列的输出

N	α_1	α_2	α_3	α_4	α_5	α_6
50	0.171657	0.311197	0.357814	0.360776	0.360784	
100	0.152106	0.287996	0.343847	0.349166	0.349196	
200	0.137001	0.268885	0.333429	0.342206	0.342306	0.342306
500	0.121403	0.247450	0.321751	0.336811	0.337186	0.337186

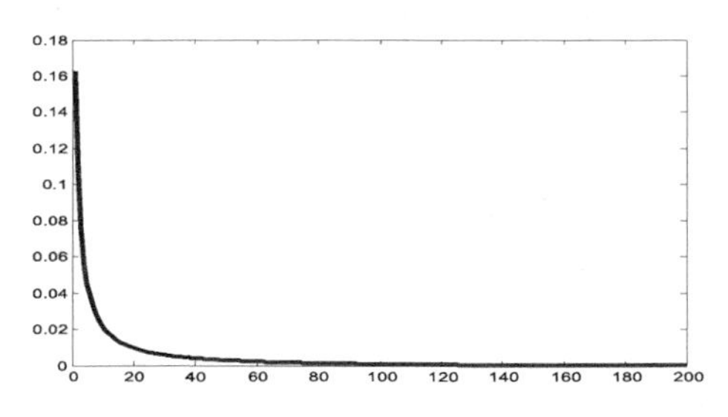

图 3.1　例 3.1 中, $N=200$ 时, 函数 $g^{(5)}$ 的图像

事实上, $n \geqslant 5$ 时, 例 3.1 和下面的例 3.2 中的函数逼近列 $\{g^{(n)}\}$ 的输出均一样.

例 3.2. 考虑 Q 矩阵 $Q=(q_{ij})$: $q_i=\sum_{j\neq i} q_{ij}$, $1\leqslant i<N$, $q_N=\sum_{j\neq i} q_{ij}+b_N$,

$$q_{k,k+1}=b_k,\quad 1\leqslant k\leqslant N,\qquad q_{ij}=a_i\beta_j,\quad 1\leqslant i<j\leqslant N,$$

其中, $a_k=k$, $b_k=1+3(k-1)$, $\beta_k=(N-k+1)/(5N(1+N))$, $1\leqslant k\leqslant N$. 由定理 3.4 的逼近序列 $\{\alpha_n\}$ 可得表 3.2 中的输出结果和图 3.2 中特征函数的数值逼近 $\{g^{(n)}\}$.

表 3.2　例 3.2 中矩阵 Q 的输出

N	α_1	α_2	α_3	α_4	α_5	α_6
50	0.312372	0.547184	0.631809	0.640313	0.640387	0.640387
100	0.188643	0.291115	0.308472	0.308844	0.308844	
200	0.044193	0.049404	0.049443	0.049443		

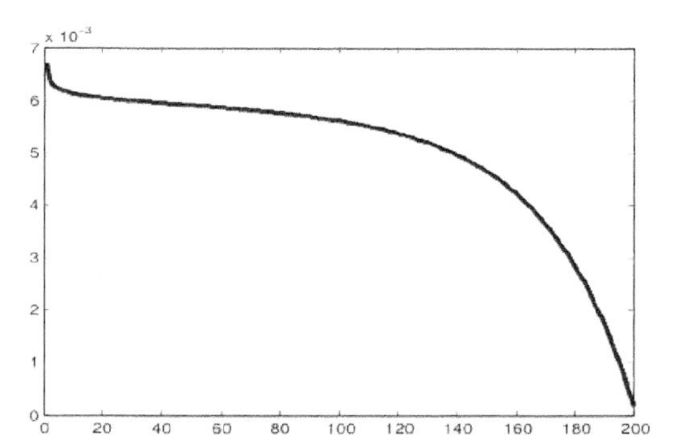

图 3.2 例 3.2 中, $n=5$ 和 $N=200$ 时, 函数 $g^{(5)}=(g_i^{(5)})_{1\leqslant i\leqslant N}$ 的图像

注 3.7. (1) 由以上两例可以看出, 序列 $\{\alpha_n\}$ 快速地递增收敛于 λ_0. λ_0 对应的模长为 1 的特征函数单调递减.

(2) 以上两例均简单地取初始向量 $g^{(0)}=(1,1,\cdots,1)_{N\times 1}^{\mathrm{T}}$. 事实上, 若更换初始向量 $g^{(0)}$ 的较好取值, 迭代步数会更少. 详见文献 [12].

(3) 对比以上两例, 不难发现第二例收敛速度更快. 这里的直观是明显的, 即稀疏矩阵提供了更少的信息, 这一特点对于高阶矩阵更明显.

第三节 代数最大特征值的对偶变分公式

本节将给出单生过程和单死过程的 Q 矩阵的代数最大特征值的对偶变分公式及其估计的相关结果. 本节假设矩阵 Q 是状态空间 E 上的单生 Q 矩阵, 满足不可约、全稳定及 $q_i=-q_{ii}=\sum\limits_{j\neq i}q_{ij}(0\leqslant i<N)$, 即 I 类单生 Q 矩阵. 此时, 记 $q_{N,N+1}=q_N-\sum\limits_{j\neq N}q_{Nj}$. 类似于文献 [18], 首先定义两个算子如下:

$$I_i(f)=\frac{1}{f_i-f_{i+1}}\sum_{j=0}^{i}\frac{F_i^{(j)}}{q_{j,j+1}}f_j,\quad II_i(g)=\frac{1}{g_i}\sum_{k=i}^{N}\sum_{j=0}^{k}\frac{F_k^{(j)}}{q_{j,j+1}}g_j.$$

它们分别称为单重求和算子和双重求和算子. 这里, 对于第一个算子, 约定: $f_{N+1}=0$. 再定义如下差分算子:

$$R_i(v)=\sum_{j=0}^{i-1}q_{ij}\left(1-\prod_{k=j}^{i-1}v_k^{-1}\right)+q_{i,i+1}(1-v_i)=q_i-\sum_{j=0}^{i-1}\left(\prod_{k=j}^{i-1}v_k^{-1}\right)-q_{i,i+1}v_i.$$

这里约定 $v_{-1}>0$, $\sum_{\varnothing}=0$. 算子 I, II, R 的定义域分别为:

$$\mathscr{F}_I=\{f:f\in\mathscr{F}_{II}\text{ 且 }f\text{ 严格单调下降}\},$$
$$\mathscr{F}_{II}=\{f:f_k>0,\ k\in E\},$$
$$\mathscr{V}=\{v:0<v_i<1,0\leqslant i<N,v_N=0\}.$$

下面用 λ_0 代表矩阵 $-Q$ 的代数最小特征值, 有如下 λ_0 的对偶变分公式.

定理 3.8. (λ_0 的变分公式) 给定 I 类单生 Q 矩阵满足不可约全稳定. 设 λ_0 是其对应 Q 过程的(指数) 收敛速度, 则有 λ_0 的如下变分公式.

(1) 差分形式

$$\sup_{v\in\mathscr{V}}\min_{i\in E}R_i(v)=\lambda_0=\inf_{v\in\mathscr{V}}\max_{i\in E}R_i(v).$$

(2) 单重求和形式

$$\sup_{f\in\mathscr{F}_I}\min_{i\in E}I_i(f)^{-1}=\lambda_0=\inf_{f\in\mathscr{F}_I}\max_{i\in E}I_i(f)^{-1}.$$

(3) 双重求和形式

$$\sup_{g\in\mathscr{F}_{II}}\min_{i\in E}II_i(g)^{-1}=\lambda_0=\inf_{g\in\mathscr{F}_{II}}\max_{i\in E}II_i(g)^{-1}.$$

证明 下面分三步证明以上变分公式成立.

第一步, 证明双重求和形式的变分公式成立.

首先, 根据引理 1.26 知, 矩阵 $-Q$ 的逆存在且 $A=(-Q)^{-1}>0$.

其次, 给定函数 g, 由定理 3.1 可知, 方程

$$(-Qf)(k)=g_k,\quad k\in E$$

的唯一解为 $f_k=\left((-Q)^{-1}g\right)(k)=g_kII_k(g)$. 故

$$II_k(g) = \frac{((-Q)^{-1}g)(k)}{g_k}, \qquad k \in E.$$

又由 Collatz-Wielandt 公式, 知

$$\sup_{x>0} \min_{i\in E} \frac{(Ag)_i}{g_i} = \lambda_0^{-1} = \inf_{x>0} \max_{i\in E} \frac{(Ag)_i}{x_i}.$$

即

$$\sup_{g\in \mathscr{F}_{II}} \min_{i\in E} II_i(g)^{-1} = \lambda_0 = \inf_{g\in \mathscr{F}_{II}} \max_{i\in E} II_i(g)^{-1}.$$

λ_0 的双重变分公式得证.

第二步, 证明单重求和形式成立.

一方面, 任给 $g \in \mathscr{F}_{II}$, 定义 $f_k = g_k II_k(g) = \sum\limits_{i=k}^{N} \sum\limits_{j=0}^{i} \frac{F_i^{(j)} g_j}{q_{j,j+1}} \in \mathscr{F}_I$.

则

$$f_k - f_{k+1} = \sum_{j=0}^{k} \frac{F_k^{(j)} g_j}{q_{j,j+1}} = \sum_{j=0}^{k} \frac{F_k^{(j)} f_j}{q_{j,j+1}} \frac{g_j}{f_j} = \sum_{j=0}^{k} \frac{F_k^{(j)} f_j}{q_{j,j+1}} II_j^{-1}(g),$$

故

$$\min_{j\in E} II_j^{-1}(g) \sum_{j=0}^{k} \frac{F_k^{(j)} f_j}{q_{j,j+1}} \leqslant f_k - f_{k+1} \leqslant \max_{j\in E} II_j^{-1}(g) \sum_{j=0}^{k} \frac{F_k^{(j)} f_j}{q_{j,j+1}}.$$

即

$$\min_{j\in E} II_j^{-1}(g) \leqslant I_k^{-1}(f) \leqslant \max_{j\in E} II_j^{-1}(g). \tag{3.13}$$

另一方面, 由 $\mathscr{F}_I \subseteq \mathscr{F}_{II}$ 知, 任给 $f \in \mathscr{F}_I$, 有

$$II_n(f) = \frac{\sum\limits_{i=n}^{N} \sum\limits_{j=0}^{i} \frac{F_i^{(j)} f_j}{q_{j,j+1}}}{\sum\limits_{i=n}^{N} (f_i - f_{i+1})}$$

由合分比公式, 有

$$\min_{n\in E} \frac{1}{f_n - f_{n+1}} \sum_{j=0}^{n} \frac{F_n^{(j)} f_j}{q_{j,j+1}} \leqslant II_n(f) \leqslant \max_{n\in E} \frac{1}{f_n - f_{n+1}} \sum_{j=0}^{n} \frac{F_n^{(j)} f_j}{q_{j,j+1}}. \tag{3.14}$$

由不等式 (3.13) , 有

$$\min_{j\in E} II_j^{-1}(g) \leqslant \min_{j\in E} I_j^{-1}(f), \quad \max_{j\in E} I_j^{-1}(f) \leqslant \max_{j\in E} II_j^{-1}(g)$$

故

$$\sup_{g\in\mathscr{F}_{II}}\min_{j\in E}II_j^{-1}(g)\leqslant\sup_{f\in\mathscr{F}_I}\min_{j\in E}I_j^{-1}(f). \tag{3.15}$$

且

$$\inf_{f\in\mathscr{F}_I}\max_{j\in E}I_j^{-1}(f)\leqslant\inf_{g\in\mathscr{F}_{II}}\max_{j\in E}II_j^{-1}(g). \tag{3.16}$$

又由不等式 (3.14), 知

$$\min_{n\in E}I_n^{-1}(f)\leqslant\min_{n\in E}II_n^{-1}(f),\quad \max_{n}II_n^{-1}(f)\leqslant\max_{n\in E}I_n^{-1}(f).$$

故

$$\sup_{f\in\mathscr{F}_I}\min_{j\in E}I_n^{-1}(f)\leqslant\sup_{f\in\mathscr{F}_I}\min_{n\in E}II_n^{-1}(f)\leqslant\sup_{f\in\mathscr{F}_{II}}\min_{n\in E}II_n^{-1}(f). \tag{3.17}$$

且

$$\inf_{g\in\mathscr{F}_{II}}\max_{n\in E}II_n^{-1}(g)\leqslant\inf_{f\in\mathscr{F}_I}\max_{n\in E}II_n^{-1}(f)\leqslant\inf_{f\in\mathscr{F}_I}\max_{n\in E}I_n^{-1}(f). \tag{3.18}$$

由不等式 (3.15) 和 (3.17), 知

$$\sup_{g\in\mathscr{F}_{II}}\min_{j\in E}II_j^{-1}(g)=\sup_{f\in\mathscr{F}_I}\min_{j\in E}I_j^{-1}(f).$$

由不等式 (3.16) 和 (3.18), 知

$$\inf_{f\in\mathscr{F}_I}\max_{j\in E}I_j^{-1}(f)=\inf_{g\in\mathscr{F}_{II}}\max_{j\in E}II_j^{-1}(g).$$

结合双重求和变分公式, 可知

$$\sup_{f\in\mathscr{F}_I}\min_{j\in E}I_j^{-1}(f)=\lambda_0=\inf_{f\in\mathscr{F}_I}\max_{j\in E}I_j^{-1}(f).$$

第三步, 证明差分形式成立.

首先, 任意给定 $v\in\mathscr{V}$, 定义 $u_i=\prod\limits_{j\leqslant i-1}v_j>0$, 则 u 严格单调下降, $v_i=\dfrac{u_{i+1}}{u_i}$, $\prod\limits_{k=j}^{i-1}v_k=\dfrac{u_i}{u_j}$ 且

$$\frac{(-Qu)(i)}{u_i}=\sum_{j=0}^{i-1}q_{ij}\left(1-\frac{u_j}{u_i}\right)+q_{i,i+1}\left(1-\frac{u_{i+1}}{u_i}\right)=R_i(v). \tag{3.19}$$

一方面, 由 Q 矩阵形式的 Collatz-Wielandt 公式 (定理 1.29), 有

$$\sup_{v\in\mathscr{V}}\min_{i\in E}R_i(v)\leqslant\sup_{u>0}\min_{i\in E}\frac{(-Qu)(i)}{u_i}=\lambda_0,\tag{3.20}$$

和

$$\inf_{v\in\mathscr{V}}\max_{i\in E}R_i(v)\geqslant\inf_{u>0}\max_{i\in E}\frac{(-Qu)(i)}{u_i}=\lambda_0.\tag{3.21}$$

另一方面, 任给 $g\in\mathscr{F}_{II}$, 定义 $u_i=g_iII_i(g)$, $v_i=\dfrac{u_{i+1}}{u_i}\in(0,1)$, 约定 $v_N=0$, 则 $v\in\mathscr{V}$. 由等式 (3.19), 有

$$u_iR_i(v)=(-Qu)(i),$$

故

$$R_i(v)=\frac{(-Qu)(i)}{u_i}.$$

记 $\mathscr{U}=\{u:u_k=g_kII_k(g),\ g\in\mathscr{F}_{II}\}$, 则对一切 $u\in\mathscr{U}$, $u>0$. 由 Q 矩阵形式的 Collatz-Wielandt 公式 (定理 1.29), 知

$$\sup_{v\in\mathscr{V}}\min_{i\in E}R_i(v)\geqslant\sup_{u>0}\min_{i\in E}\frac{(-Qu)(i)}{u_i}=\lambda_0.\tag{3.22}$$

和

$$\inf_{v\in\mathscr{V}}\max_{i\in E}R_i(v)\leqslant\inf_{u>0}\max_{i\in E}\frac{(-Qu)(i)}{u_i}=\lambda_0.\tag{3.23}$$

由不等式 (3.20) 和 (3.22), 以及不等式 (3.21) 和 (3.23), 可知

$$\sup_{v\in\mathscr{V}}\min_{i\in E}R_i(v)=\lambda_0=\inf_{v\in\mathscr{V}}\max_{i\in E}R_i(v).$$

由变分公式出发, 任意给定试验函数 f, 可得 λ_0 的上、下界估计.

引理 3.9. (下界估计)　设单生 Q 矩阵满足定理 3.8 的条件, $-Q$ 的代数最小特征值为 λ_0, 则有 λ_0 的下界估计:

$$\lambda_0\geqslant\sup_{f\in\mathscr{F}_I}(4\delta_f)^{-1},$$

其中,

$$\delta_f=\max_{n\in E}c_n,\quad c_n=\frac{1}{f_n-f_{n+1}}\max_{j\leqslant n}\left(f_j\sum_{k=0}^{j}\frac{F_n^{(k)}}{q_{k,k+1}}\right).$$

证明 固定 n, 对一切 $0 \leqslant j \leqslant n$, 定义 $M_n^{(j)} = \sum\limits_{k=0}^{j} \dfrac{F_n^{(k)}}{q_{k,k+1}}$, 约定 $M_n^{(-1)} = 0$, 则 $M_n^{(j)} \leqslant c_n(f_n - f_{n+1})/f_j$, 故

$$\begin{aligned}\sum_{j=0}^{n} \frac{F_n^{(j)}}{q_{j,j+1}}\sqrt{f_j} &= \sum_{j=0}^{n}(M_n^{(j)} - M_n^{(j-1)})\sqrt{f_j} \\ &= \sum_{j=0}^{n-1} M_n^{(j)}(\sqrt{f_j} - \sqrt{f_{j+1}}) + M_n^{(n)}\sqrt{f_n} \quad (\text{分部求和}) \\ &\leqslant c_n(f_n - f_{n+1})\left(\sum_{j=0}^{n-1}\frac{\sqrt{f_j} - \sqrt{f_{j+1}}}{\sqrt{f_j f_{j+1}}} + \frac{\sqrt{f_n}}{f_n}\right) \\ &= c_n(f_n - f_{n+1})\left(\frac{2}{\sqrt{f_n}} - \frac{1}{\sqrt{f_0}}\right) \\ &\leqslant \frac{2c_n(f_n - f_{n+1})}{\sqrt{f_n}}. \end{aligned} \tag{3.24}$$

因此,

$$\begin{aligned} I_n(\sqrt{f}) &= \frac{1}{\sqrt{f_n} - \sqrt{f_{n+1}}}\sum_{j=0}^{n}\frac{F_n^{(j)}}{q_{j,j+1}}\sqrt{f_j} \\ &\overset{(3.24)}{\leqslant} 2c_n\frac{\sqrt{f_n} + \sqrt{f_{n+1}}}{\sqrt{f_n}} \leqslant 4c_n \leqslant 4\delta_f, \end{aligned}$$

由 λ_0 的单重求和变分公式 [定理3.8(2)], 可得 $\lambda_0 \geqslant (4\delta_f)^{-1}$. 右边再关于 f 取上确界即得所需结果.

在上述引理 3.9 中, 取 $f_j = \sum\limits_{\ell=j}^{N} F_\ell^{(0)}$, 可得 λ_0 的下界估计.

定理 3.10. (λ_0 的下界估计) 设单生 Q 矩阵满足定理 3.8 的条件, $-Q$ 的代数最小特征值为 λ_0, 则有 λ_0 的下界估计:

$$\lambda \geqslant (4\delta')^{-1},$$

其中, $\delta' = \max\limits_{n\in E} c_n$, $c_n = \max\limits_{j\leqslant n} \dfrac{1}{F_n^{(0)}}\sum\limits_{k=0}^{j}\dfrac{F_n^{(k)}}{q_{k,k+1}}\sum\limits_{\ell=j}^{N} F_\ell^{(0)}$.

同样地, 可得 λ_0 的上界估计.

定理 3.11. (λ_0 的上界估计)　设单生 Q 矩阵满足定理 3.8 的条件, $-Q$ 的代数最小特征值为 λ_0, 则有 λ_0 的下界估计:

$$\lambda_0 \leqslant \delta^{-1}.$$

其中, $\delta = \sup_n \sum_{\ell=n}^{N} \sum_{j=0}^{n} \frac{F_\ell^{(j)}}{q_{j,j+1}}$.

证明　固定 $n \in E$, 取 $g_k = \mathbb{1}_{[0,n]}(k)$, 当 $0 \leqslant k \leqslant n$ 时, 可得

$$II_k(g) = \sum_{\ell=k}^{N} \sum_{j=0}^{\ell \wedge n} \frac{F_\ell^{(j)}}{q_{j,j+1}} \geqslant \sum_{\ell=n}^{N} \sum_{j=0}^{n} \frac{F_\ell^{(j)}}{q_{j,j+1}},$$

即

$$\sup_n \inf_k II_k(g) \geqslant \sup_n \sum_{\ell=n}^{N} \sum_{j=0}^{n} \frac{F_\ell^{(j)}}{q_{j,j+1}} = \delta.$$

由定理 [3.8(3)] 知,

$$\lambda_0^{-1} = \sup_{g \in \mathscr{F}_{II}} \inf_k II_k(g) \geqslant \delta.$$

这里指出, λ_0 的上界估计定理 3.11 的证明由毛永华给出. 特别地, 定理 3.9 中, 取函数 $f_j = \sum_{\ell=j}^{N} F_\ell^{(0)}$, 则 λ_0 的下界估计和定理 3.11 的上界估计与生灭情形的文献 [5; 定理 3.1] 中的估计: $(4\delta)^{-1} \leqslant \lambda_0 \leqslant \delta^{-1}$ 一致.

第四节　一类单生过程的速度估计

下面给出一类特殊的单生 Q 矩阵所对应的 λ_0 的估计. 这里假设给定的单生 Q 矩阵 $Q = (q_{ij})$ 具有如下形式

$$Q = \begin{pmatrix} -q_0 & b_0 & & & \\ & -q_1 & b_1 & & \\ & & -q_2 & b_2 & \\ & a_i\beta_j & & \ddots & \ddots \\ & & & & \ddots \end{pmatrix}, \tag{3.25}$$

满足

$$q_{i,i+1}=b_i\ (i\geqslant 0),\quad q_{ij}=a_i\beta_j\ (0\leqslant j\leqslant i-1).$$

其中, a,b,β 是 E 上的正函数, 满足 $a_0=0$. 张余辉的文献 [40] 曾对这个模型做过相关研究. 定义 $\beta^{(k)}=\sum_{\ell=0}^{k}\beta_\ell$, 则 $q_i^{(k)}=a_i\beta^{(k)}$, 式 (3.3) 定义的 $F_n^{(k)}\ (k\in E)$ 可表达为

$$F_k^{(k)}=1,\ F_{k+1}^{(k)}=\frac{a_{k+1}}{b_{k+1}}\beta^{(k)},\ F_n^{(k)}=\frac{a_n}{b_n}\left(\beta^{(n-1)}+\frac{b_{n-1}}{a_{n-1}}\right)F_{n-1}^{(k)},\ n>k+1.$$

这里将把公式 (3.3) 表达成连乘积的形式. 定义

$$\begin{cases}D_0=1, \qquad D_1=\dfrac{a_1}{b_1}\beta^{(0)}.\\ D_n=\dfrac{a_n}{b_n}\left(\beta^{(n-1)}+\dfrac{b_{n-1}}{a_{n-1}}\right),\quad n\geqslant 2.\end{cases}$$

易证

$$F_n^{(0)}=\prod_{\ell=0}^{n}D_\ell,\qquad n\geqslant 0,$$

$$F_n^{(k)}=F_{k+1}^{(k)}\prod_{\ell=k+2}^{n}D_\ell=F_{k+1}^{(k)}\frac{F_n^{(0)}}{F_{k+1}^{(0)}},\qquad n\geqslant k+1.$$

其中, $F_{k+1}^{(k)}=\dfrac{a_{k+1}}{b_{k+1}}\beta^{(k)}<D_{k+1}$. 对于此类单生 Q 矩阵有如下估计.

定理 3.12. 设单生 Q 矩阵满足式 (3.25), 则 $-Q$ 的代数最小特征值 λ_0 有估计

$$\delta\leqslant\lambda_0^{-1}\leqslant(4+2c)\delta.$$

其中, $\delta=\sup\limits_n\sum_{\ell=n}^{N}\sum_{j=0}^{n}\dfrac{F_\ell^{(j)}}{q_{j,j+1}}$, 且 $c=\sup\limits_k\dfrac{b_k}{a_k\beta^{(k)}}$.

证明 一方面, 由定理 3.11, 可得 $\lambda_0^{-1}\geqslant\delta$.

另一方面, 由定理 [3.8(2)] 可知, 只需寻找函数 $f\in\mathscr{F}_I$, 满足

$$I_k(f)\leqslant(4+2c)\delta.$$

取 $\varphi_k = \sum_{\ell=k}^{N} F_\ell^{(0)}$, 令 $f_k = \sqrt{\varphi_k}$, $k \in E$, 则 f 满足条件. 事实上, 记 $\delta_n = \sum_{\ell=n}^{N}\sum_{j=0}^{n} \frac{F_\ell^{(j)}}{q_{j,j+1}}$, 则 $k=0$ 时,

$$I_0(f) = \frac{f_0}{f_0 - f_1}\frac{1}{b_0} = \frac{1}{b_0}\frac{f_0(f_0+f_1)}{f_0^2 - f_1^2} \leqslant \frac{2\varphi_0}{b_0} = 2\delta_0.$$

$k = N$ 时,

$$\begin{aligned}
I_N &= \frac{1}{f_N - f_{N+1}}\sum_{j=0}^{N}\frac{F_N^{(j)} f_j}{b_j} = \frac{1}{f_N}\sum_{j=0}^{N}\left(\sum_{\ell=0}^{j}\frac{F_N^{(\ell)}}{b_\ell} - \sum_{\ell=0}^{j-1}\frac{F_N^{(\ell)}}{b_\ell}\right) f_j\\
&= \frac{1}{f_N}\left[\sum_{j=0}^{N-1}\left(\sum_{\ell=0}^{j}\frac{F_N^{(\ell)}}{b_\ell}\right)(f_j - f_{j+1}) + \sum_{j=0}^{N}\frac{F_N^{(j)}}{b_j} f_N\right]\\
&= \frac{F_N^{(0)}}{f_N}\sum_{j=0}^{N-1}\left(\sum_{\ell=0}^{j}\frac{F_{\ell+1}^{(\ell)}}{F_{\ell+1}^{(0)} b_\ell}\right)(f_j - f_{j+1}) + \delta_N\\
&\leqslant \frac{F_N^{(0)}}{\sqrt{\varphi}_N}\sum_{j=0}^{N-1}\frac{\delta_j^{(1)}}{\varphi_j}(\sqrt{\varphi}_j - \sqrt{\varphi}_{j+1}) + \delta_N\\
&\leqslant \frac{\delta^{(1)} F_N^{(0)}}{\sqrt{\varphi}_N}\left(\frac{1}{\sqrt{\varphi_N}} - \frac{1}{\sqrt{\varphi_0}}\right) + \delta_N \leqslant \delta^{(1)} + \delta_N \leqslant 2\delta_N.
\end{aligned}$$

令 $S_\ell = \sum_{j=0}^{\ell}\frac{F_{j+1}^{(j)}}{F_{j+1}^{(0)} b_j}$, 约定 $\sum_{\emptyset} = 0$, 后面经常用到的一个小技巧为如下恒等式

$$D_{k+1} = F_{k+1}^{(k)} + \frac{a_{k+1} b_k}{b_{k+1} a_k}.$$

易证

$$\delta_n = \delta_n^{(1)} + \delta_n^{(2)} = \begin{cases} \sum_{\ell=n}^{N} F_\ell^{(0)} \sum_{j=0}^{n}\frac{F_{j+1}^{(j)}}{b_j F_{j+1}^{(0)}} + \frac{1}{a_n\beta^{(n)} + b_n}, & 1 \leqslant n \leqslant N-1.\\ F_N^{(0)}\sum_{j=0}^{N-1}\frac{F_{j+1}^{(j)}}{b_j F_{j+1}^{(0)}} + \frac{1}{b_N}, & n = N.\end{cases}$$

其中, $\delta_n^{(1)}$ 和 $\delta_n^{(2)}$ 分别为

$$\delta_n^{(1)}=\begin{cases}\sum_{\ell=n}^{N}F_\ell^{(0)}\sum_{j=0}^{n}\frac{F_{j+1}^{(j)}}{b_jF_{j+1}^{(0)}}=\varphi_nS_n, & 1\leqslant n\leqslant N-1\\ F_N^{(0)}\sum_{j=0}^{N-1}\frac{F_{j+1}^{(j)}}{b_jF_{j+1}^{(0)}}=\varphi_NS_{N-1}, & n=N,\end{cases}$$

$$\delta_n^{(2)}=\begin{cases}\frac{1}{a_n\beta^{(n)}+b_n}, & 1\leqslant n\leqslant N-1\\ \frac{1}{b_N}, & n=N.\end{cases}$$

当 $1\leqslant k<N$ 时,

$$\begin{aligned}I_k(f)&=\frac{1}{f_k-f_{k+1}}\left(F_k^{(0)}\sum_{j=0}^{k}\frac{F_{j+1}^{(j)}f_j}{b_jF_{j+1}^{(0)}}+\frac{a_{k+1}f_k}{b_{k+1}a_kD_{k+1}}\right)\\&=A_1+A_2,\end{aligned}$$

其中, $A_1=\dfrac{F_k^{(0)}}{f_k-f_{k+1}}\sum_{j=0}^{k}\dfrac{F_{j+1}^{(j)}f_j}{b_jF_{j+1}^{(0)}}$, $\quad A_2=\dfrac{f_k}{(a_k\beta^{(k)}+b_k)(f_k-f_{k+1})}$.

定义 $\delta^{(1)}=\sup\limits_k\delta_k^{(1)}$, 由

$$\begin{aligned}A_1&=\frac{F_k^{(0)}}{f_k-f_{k+1}}\sum_{j=0}^{k}(S_j-S_{j-1})f_j\\&=\frac{F_k^{(0)}}{f_k-f_{k+1}}\left(\sum_{j=0}^{k-1}S_j(f_j-f_{j+1})+S_kf_k\right)\quad(\text{分部求和})\\&=\frac{F_k^{(0)}}{f_k-f_{k+1}}\left(\sum_{j=0}^{k-1}\frac{\delta_j^{(1)}(f_j-f_{j+1})}{\varphi_j}+\frac{\delta_k^{(1)}f_k}{\varphi_k}\right)\end{aligned}$$

知

$$A_1\leqslant\frac{\delta^{(1)}F_k^{(0)}}{f_k-f_{k+1}}\left(\sum_{j=0}^{k-1}\frac{\sqrt{\varphi}_j-\sqrt{\varphi}_{j+1}}{\varphi_j}+\frac{1}{\sqrt{\varphi}_k}\right).$$

因为

$$\frac{\sqrt{\varphi}_j-\sqrt{\varphi}_{j+1}}{\varphi_j}\leqslant\frac{1}{\sqrt{\varphi_{j+1}}}-\frac{1}{\sqrt{\varphi_j}},$$

故

$$A_1 \leqslant \frac{2\delta^{(1)}F_k^{(0)}}{\sqrt{\varphi}_k(\sqrt{\varphi}_k-\sqrt{\varphi}_{k+1})}=\frac{2\delta^{(1)}(\sqrt{\varphi}_k+\sqrt{\varphi}_{k+1})}{\sqrt{\varphi}_k}\leqslant 4\delta^{(1)}. \quad (3.26)$$

由

$$A_2=\frac{f_k(f_k+f_{k+1})}{(a_k\beta^{(k)}+b_k)(f_k^2-f_{k+1}^2)}\leqslant\frac{2\varphi_k}{(a_k\beta^{(k)}+b_k)F_k^{(0)}}$$

和

$$\frac{F_{k+1}^{(k)}}{b_kF_{k+1}^{(0)}}\leqslant\sum_{\ell=0}^{k}\frac{F_{\ell+1}^{(\ell)}}{b_\ell F_{\ell+1}^{(0)}},$$

并结合事实

$$\frac{2\varphi_k}{(a_k\beta^{(k)}+b_k)F_k^{(0)}}=2\frac{b_k}{a_k\beta^{(k)}}\varphi_k\frac{F_{k+1}^{(k)}}{b_kF_{k+1}^{(0)}},$$

可知

$$A_2\leqslant 2\frac{b_k}{a_k\beta^{(k)}}\varphi_k\sum_{\ell=0}^{k}\frac{F_{\ell+1}^{(\ell)}}{b_\ell F_{\ell+1}^{(0)}}\leqslant 2(\sup_k c_k)(\sup_k\delta_k^{(1)})=2c\delta^{(1)}. \quad (3.27)$$

由 $I_0\leqslant 2\delta_0$ 和 $I_N\leqslant 2\delta_N$，结合式 (3.26) 和式 (3.27)，可证得 $I_k(f)\leqslant(4+2c)\delta$.

第五节　单死 Q 矩阵的代数最大特征值研究

本节仍然假设 $N<\infty$, 状态空间 $E=\{0,1,\cdots,N\}$. 对于单死 Q 矩阵 $Q=(q_{ij})_{i,j\in E}:q_{i,j}=0\ (j<i-1)$. 可得出类似的结论. 站在矩阵论的角度看, 下 Hessenberg 矩阵的转置为上 Hessenberg 矩阵, 所以相关结果可做到单死的情形, 但是这里的概率意义不同, 需要分别研究. 首先定义

$$q_{0,-1}=\begin{cases} q_0-\sum\limits_{j=1}^{N}q_{0j}, & q_0>\sum\limits_{j=1}^{N}q_{0j};\\ 1, & q_0=\sum\limits_{j=1}^{N}q_{0j}\end{cases}$$

令 $Q=\overline{Q}+\mathrm{diag}(\mathbf{c})$, 这里的 $\mathrm{diag}(\mathbf{c})$ 为对角矩阵并以 $\mathbf{c}=(c_i)$

$$c_i=-q_i+\sum_{k=i+1}^{N}q_{ik}+q_{i,i-1},\quad 0\leqslant i\leqslant N$$

为对角元素. 定义两个序列如下:

$$q_n^{(k)}=\sum_{j=k}^{N}q_{nj}-c_n,\quad 0\leqslant n<k\leqslant N,$$

$$\begin{cases}G_m^{(m)}=1,\ 0\leqslant m\leqslant N,\\ G_n^{(k)}=\dfrac{1}{q_{n,n-1}}\displaystyle\sum_{i=n+1}^{k}q_n^{(i)}G_i^{(k)},\ 0\leqslant n<k\leqslant N.\end{cases}\tag{3.28}$$

给定向量 $\mathbf{g}=(g_i)_{0\leqslant i\leqslant N}$, 定义算子 $\overline{\Lambda}$ 如下:

$$\overline{\Lambda}_i(\mathbf{g})=\sum_{k=0}^{i}\sum_{j=k}^{N}\frac{G_k^{(j)}g_j}{q_{j,j-1}},\qquad 0\leqslant i\leqslant N.$$

由 $\overline{Q}$ 的定义可知, 若 $\sum_{k\in E}q_{ik}=0$, 则 $\overline{\Lambda}_N(\mathbf{c})=1$.

定理 3.13. 给定状态空间 E 上的有界函数 $\mathbf{f}$, 设矩阵 $Q=(q_{ij})$ 是全稳定非保守的单死 Q 矩阵, 则 Poisson 方程

$$(-Q\mathbf{g})(k)=f_k,\qquad k\in E.\tag{3.29}$$

存在唯一解 $\mathbf{g}=(g_n)_{n\in E}$ 且

$$g_n=\frac{\overline{\Lambda}_N(\mathbf{f})}{1-\overline{\Lambda}_N(\mathbf{c})}\overline{\Lambda}_n(\mathbf{c})+\overline{\Lambda}_n(\mathbf{f}),\qquad n\in E.$$

证明 首先, 由引理 1.26 知, $-Q$ 的逆存在且 $(-Q)^{-1}>0$, 故 Poisson 方程 (3.29) 存在唯一解:

$$g_k=\left((-Q)^{-1}f\right)(k),\qquad k\in E.$$

其次, 约定 $g_{-1}=0$, 定义

$$g_n = \frac{\overline{\Lambda}_N(\mathbf{f})}{1-\overline{\Lambda}_N(\mathbf{c})}\overline{\Lambda}_n(\mathbf{c}) + \overline{\Lambda}_n(\mathbf{f}), \qquad n \in E.$$

则

$$g_k - g_{k-1} = \frac{\overline{\Lambda}_N(\mathbf{f})}{1-\overline{\Lambda}_N(\mathbf{c})}\sum_{j\geqslant k}\frac{G_k^{(j)}}{q_{j,j-1}}c_j + \sum_{j\geqslant k}\frac{G_k^{(j)}}{q_{j,j-1}}f_j, \quad k \in E. \tag{3.30}$$

由矩阵 Q 的分解可知, 对一切 $k \in E$ 有

$$\begin{aligned}(-Q\mathbf{f})(k) &= -(\overline{Q}\mathbf{f})(k) - c_k f_k \\ &= q_{k,k-1}(g_k - g_{k-1}) + \sum_{j=k+1}^{N} q_{kj}(g_k - g_j) - c_k g_k\end{aligned}$$

因为

$$\begin{aligned}&\sum_{j=k+1}^{N} q_{kj}(g_k - g_j) - c_k g_k \\ =& -\sum_{j=k+1}^{N} q_{kj}\sum_{\ell=k+1}^{j}(g_\ell - g_{\ell-1}) + c_k\sum_{\ell=k+1}^{N}(g_\ell - g_{\ell-1}) - c_k g_N \\ =& -\sum_{\ell=k+1}^{N}(g_\ell - g_{\ell-1})\left(\sum_{j=\ell}^{N} q_{kj} - c_k\right) - c_k g_N, (\text{Fubini 定理})\end{aligned}$$

结合式 (3.30), 并注意到 $g_N = \dfrac{\Lambda_N(\mathbf{f})}{1-\Lambda_N(\mathbf{c})}$, 可得

$$\begin{aligned}(-Q\mathbf{f})(k) &= q_{k,k-1}(g_k - g_{k-1}) - \sum_{\ell=k+1}^{N} q_k^{(\ell)}(g_\ell - g_{\ell-1}) - c_k g_N \\ &= \frac{\overline{\Lambda}_N(\mathbf{f})}{1-\overline{\Lambda}_N(\mathbf{c})}\left(q_{k,k-1}\sum_{j\geqslant k}\frac{G_k^{(j)}}{q_{j,j-1}}c_j - \sum_{\ell=k+1}^{N} q_k^{(\ell)}\sum_{j=\ell}^{N}\frac{G_\ell^{(j)}c_j}{q_{j,j-1}}\right) - \\ &\quad c_k\frac{\Lambda_N(\mathbf{f})}{1-\Lambda_N(\mathbf{c})} + q_{k,k-1}\sum_{j\geqslant k}\frac{G_k^{(j)}}{q_{j,j-1}}f_j - \sum_{\ell\geqslant k+1}\left(q_k^{(\ell)}\left(\sum_{j=\ell}^{N}\frac{G_\ell^{(j)}}{q_{j,j-1}}f_j\right)\right)\end{aligned}$$

交换上述求和次序, 结合 $G_n^{(k)}$ 的定义式 (3.28), 可得

$$
\begin{aligned}
(-Q\mathbf{f})(k) = & \frac{\overline{\Lambda}_N(\mathbf{f})}{1-\overline{\Lambda}_N(\mathbf{c})}\left(q_{k,k-1}\sum_{j\geqslant k}\frac{G_k^{(j)}}{q_{j,j-1}}c_j-\sum_{j=k+1}^{N}\frac{c_j}{q_{j,j-1}}\sum_{\ell=k+1}^{j}q_k^{(\ell)}G_\ell^{(j)}\right)- \\
& c_k\frac{\Lambda_N(\mathbf{f})}{1-\Lambda_N(\mathbf{c})}+q_{k,k-1}\sum_{j\geqslant k}\frac{G_k^{(j)}}{q_{j,j-1}}f_j-\sum_{j\geqslant k+1}\left(\frac{f_j}{q_{j,j-1}}\left(\sum_{\ell=k+1}^{j}q_k^{(\ell)}G_\ell^{(j)}\right)\right) \\
= & \frac{\overline{\Lambda}_N(\mathbf{f})}{1-\overline{\Lambda}_N(\mathbf{c})}\left(q_{k,k-1}\sum_{j\geqslant k}\frac{G_k^{(j)}}{q_{j,j-1}}c_j-\sum_{j\geqslant k+1}\frac{f_j}{q_{j,j-1}}q_{k,k-1}G_k^{(j)}\right)- \\
& c_k\frac{\Lambda_N(\mathbf{f})}{1-\Lambda_N(\mathbf{c})}+q_{k,k-1}\sum_{j\geqslant k}\frac{G_k^{(j)}}{q_{j,j-1}}f_j-\sum_{j\geqslant k+1}\left(\frac{f_j}{q_{j,j-1}}q_{k,k-1}G_k^{(j)}\right) \\
= & f_k
\end{aligned}
$$

即 $(g_k,\ k\in E)$ 是 Poisson 方程 (3.29) 的唯一解.

同样地, [13; 命题 27]$(N<\infty)$ 可作为定理 3.13 的推论.

推论 3.14. 设矩阵 Q 是不可约全稳定的单死 Q 矩阵, 满足定理 3.13 的条件, 则矩阵 $-Q$ 的逆可表达为 $(-Q)^{-1}=H=(h_{k\ell})$:

$$
\overline{a}_{ij}=\frac{1}{q_{j,j-1}}\left(\frac{\overline{\Lambda}_i(c)}{1-\overline{\Lambda}_N(c)}\sum_{k=0}^{j}G_k^{(j)}+\sum_{k=0}^{i\wedge j}G_k^{(j)}\right).
$$

下面假设单死 Q 矩阵 $Q=(q_{ij},\ i,j\in E)$ 不可约、全稳定且满足 $q_0>\sum\limits_{k=1}^{N}q_{0k}$, $q_\ell=\sum\limits_{k=\ell+1}^{N}q_{\ell k}+q_{\ell,\ell-1}\ (1\leqslant\ell\leqslant N)$, 约定 $\sum\limits_{\varnothing}=0$. 设 λ_0 为矩阵 $-Q$ 的代数最小特征值. 记 $q_{0,-1}=q_0-\sum\limits_{k=1}^{N}q_{0k}$. 则本小节定义的两个序列 $q_n^{(k)}$ 和 $G_n^{(k)}$ 变为

$$
q_n^{(k)}=\sum_{j=k}^{N}q_{nj},\quad 0\leqslant n<k,
$$

和

$$
G_i^{(i)}=1,\quad G_n^{(i)}=\frac{1}{q_{n,n-1}}\sum_{k=n+1}^{i}q_n^{(k)}G_k^{(i)},\quad 0\leqslant n<i,\quad n,k,i\in E.
$$

首先定义两个求和算子 I 和 II：

$$I_i(f)=\frac{1}{f_i-f_{i-1}}\sum_{j=i}^{N}\frac{G_i^{(j)}}{q_{j,j-1}}f_j,\quad II_i(g)=\frac{1}{g_i}\sum_{k=1}^{i}\sum_{j=k}^{N}\frac{G_k^{(j)}}{q_{j,j-1}}g_j.$$

再定义差分算子 R：

$$\begin{aligned}R_i(v)&=\sum_{j=i+1}^{N}q_{ij}\left(1-\prod_{k=j}^{i-1}v_k^{-1}\right)+q_{i,i-1}(1-v_i)\\&=q_i-\sum_{j=i+1}^{N}\left(\prod_{k=j}^{i-1}v_k^{-1}\right)-q_{i,i-1}v_i.\end{aligned}$$

这里约定 $v_{-1}>0$, $\sum\limits_{\varnothing}=0$. 算子 I, II, R 的定义域分别为:

$$\begin{aligned}\mathscr{F}_I&=\{f: f\in\mathscr{F}_{II}\text{ 且 } f\text{ 严格单调上升}\},\\ \mathscr{F}_{II}&=\{f: f_k>0,\ k\in E\},\\ \mathscr{V}&=\{v: 0<v_i<1, 0\leqslant i<N, v_N=0\}.\end{aligned}$$

下面不加证明地给出矩阵 $-Q$ 的代数最小特征值 λ_0 的变分公式及估计.

定理 3.15. (λ_0 的变分公式)　给定如上单死 Q 矩阵满足不可约全稳定. 令 λ_0 是其对应 Q 过程的(指数) 收敛速度, 则有 λ_0 的如下三类变分公式.

(1)　差分形式

$$\sup_{v\in\mathscr{V}}\min_{i\in E}R_i(v)=\lambda_0=\inf_{v\in\mathscr{V}}\max_{i\in E}R_i(v).$$

(2)　单重求和形式

$$\sup_{f\in\mathscr{F}_I}\min_{i\in E}I_i(f)^{-1}=\lambda_0=\inf_{f\in\mathscr{F}_I}\max_{i\in E}I_i(f)^{-1}.$$

(3)　双重求和形式

$$\sup_{g\in\mathscr{F}_{II}}\min_{i\in E}II_i(g)^{-1}=\lambda_0=\inf_{g\in\mathscr{F}_{II}}\max_{i\in E}II_i(g)^{-1}.$$

同样地, 由变分公式出发, 任意给出试验函数可得 λ_0 的上、下界估计.

引理 3.16. 设单死 Q 矩阵满足定理 3.15 的条件, 则 $-Q$ 的代数最小特征值 λ_0 有估计式

$$\lambda \geqslant \sup_{f\in\mathscr{F}_I}(4\delta_f)^{-1}.$$

其中,

$$\delta_f=\max_{n\in_1}\frac{1}{f_n-f_{n-1}}\max_{j\geqslant n}\left(f_j\sum_{k=j}^{N}\frac{G_n^{(k)}}{q_{k,k-1}}\right).$$

令 $f_j=\sum\limits_{k=1}^{j}G_k^{(N)}$, 则有 λ_0 的下界估计.

定理 3.17. (λ_0 的下界估计) 设单死 Q 矩阵满足定理 3.15 的条件, 则 $-Q$ 的代数最小特征值 λ_0 有估计式

$$\lambda \geqslant (4\delta')^{-1}.$$

其中,

$$\delta'=\max_{n\in E_1}\frac{1}{G_n^{(N)}}\max_{j\geqslant n}\left(\sum_{\ell=1}^{j}G_\ell^{(N)}\sum_{k=j}^{N}\frac{G_n^{(k)}}{q_{k,k-1}}\right).$$

类似地, 有如下关于 λ_0 的上界估计.

定理 3.18. (λ_0 的上界估计) 设单死 Q 矩阵满足定理 3.15 的条件, 则 $-Q$ 的代数最小特征值 λ_0 有估计式

$$\lambda_0 \leqslant \delta^{-1}.$$

其中, $\delta=\sup\limits_n\sum\limits_{\ell=1}^{n}\sum\limits_{j=n}^{N}\dfrac{G_\ell^{(j)}}{q_{j,j+1}}$.

第四章　一般矩阵的特征值计算

前两章处理了有限可配称过程和有限不可配称过程的收敛速度的计算方法. 可以看到, 本书提到的特征值计算方法的基础是幂法和特征值估计, 而特征值估计又依赖于不同矩阵特征值的变分公式. 本章主要处理一般马氏链的稳定速度的计算方法, 这里的内容主要来源于作者和陈木法的论文 [13].

第一节　引言

由第一章随机矩阵的介绍可知, 连续时间离散状态马氏链的生成元是 Q 矩阵(见第一章第四节的相关定义), 马氏链的某种稳定速度对应其生成元的代数最大特征值. 因此, 一般 Q 矩阵的代数最大特征值的计算仍然具有概率意义. 本章处理非对角线元素非负的矩阵. 本章提出的算法是对文献 [9] 中算法的改进, 本章的改进方法起源于第二章用到的技巧, 并将这些技巧推广到一般矩阵, 可以看到由此得到的算法效果意外地好. 作为应用, 这里还试图将此改进的算法应用于华罗庚的经济最优化模型. 下面将以逐步深入的方式陈述算法的每一步进步. 首先, 给出参考文献 [9] 的主要算法.

算法 4.1.　*设 $N+1$ 阶方阵 $A=(a_{ij})$ 不可约非负, 利用以下三步可以计算矩阵 A 的代数最大特征对子.*

(1) 确定初值. 定义列向量

$$\mathbf{w}^{(0)}=(1,1,\ldots,1)^{\mathrm{T}},\qquad \mathbf{v}^{(0)}=\mathbf{w}^{(0)}/\sqrt{N+1}.$$

这里, 符号 $\mathbf{w}^{\mathrm{T}}$ 代表向量 $\mathbf{w}$ 的转置. 令

$$z^{(0)}=\max_{0\leqslant i\leqslant N}\left(A\mathbf{w}^{(0)}\right)_i.$$

(2) 迭代方程. 给定 $n\geqslant 1$, 定义列向量 $\mathbf{v}=\mathbf{v}^{(n-1)}$ 和数 $z=z^{(n-1)}$, 设 $\mathbf{w}=\mathbf{w}^{(n)}$ 是如下线性方程的解:

$$(zI-A)\mathbf{w}=\mathbf{v}.$$

类似于步骤 (1), 定义列向量 $\mathbf{v}^{(n)}=\mathbf{w}/\sqrt{\mathbf{w}^{\mathrm{T}}\mathbf{w}}$. 然后定义

$$x^{(n)}=\min_{0\leqslant j\leqslant N}\frac{(A\mathbf{w}^{(n)})_j}{\mathbf{w}_j^{(n)}},\quad \mathbf{y}^{(n)}=\mathbf{v}^{(n)\mathrm{T}}A\mathbf{v}^{(n)},\quad z^{(n)}=\max_{0\leqslant j\leqslant N}\frac{(A\mathbf{w}^{(n)})_j}{\mathbf{w}_j^{(n)}}.$$

(3) 收敛性结论. 若 $y^{(n)}-x^{(n)}<10^{-6}$ (或 $|z^{(n)}-z^{(n+1)}|<10^{-6}$), 则停止计算. 通过这种方式得到的序列 $\{(z^{(n)},\mathbf{v}^{(n)})\}$ 为矩阵 A 的代数最大特征对子的逼近且 $\{z^{(n)}\}$ (resp. $\{x^{(n)}\}$) 关于 n 单调下降 (resp. 上升).

这里对算法 4.1 从三点进行分析. 第一点是解关于 $\mathbf{w}$ 的线性方程:

$$(zI-A)\mathbf{w}=\mathbf{v}.$$

等价地, 可将其改写为

$$\mathbf{w}=(zI-A)^{-1}\mathbf{v},$$

故也称其为推移的逆迭代. 第二点是代数最大特征向量的初始模拟 $\mathbf{v}^{(0)}$ 的选择. 这里将其选为通用的均匀分布 $\mathbb{1}$ (每个元素都为 1 的列向量). 第三点是 Collatz–Wielandt 公式(主特征值的变分公式) 的应用:

$$\sup_{\mathbf{x}>0}\min_{i\in E}\frac{(A\mathbf{x})_i}{x_i}=\rho(A)=\inf_{\mathbf{x}>0}\max_{i\in E}\frac{(A\mathbf{x})_i}{x_i}.\tag{4.1}$$

这里的 $\rho(A)$ 为矩阵 A 的模长最大特征值(即主特征值). 假设矩阵 Q 是可逆的 Q 矩阵, 则正矩阵 $A=(-Q)^{-1}$ 的主特征值为矩阵 $-Q$ 的代数最小特征值 (即矩阵 Q 的代数最大特征值的相反数)的倒数, 算法 4.1 中的 $x^{(n)}$ 和 $z^{(n)}$ 本质上是矩阵 $-Q$ 的代数最小特征值的估计. 由第一章幂法的加速的介绍可知, 上述算法选取的推移是安全的, 并且推移的逆迭代的收敛速度比逆迭代的收敛速度快. 另外, 由于这里选取的初值 $\mathbf{v}^{(0)}=\mathbb{1}$, 结合公式 (4.1), 可以认为算法 4.1 是通用的. 但是对比第二章三对角矩阵的初值的选取方法可知, 算法 4.1 选取的初值显然不如想象的高效.

下面的例子证明了算法 4.1 是有意义的.

例 4.1. 令 $H=(h_{k\ell})_{k,\ell=1}^{N}$, 这里

$$h_{k\ell}=\frac{2^{k\wedge\ell}-1}{2^{\ell}}+\mathbb{1}_{\{\ell\leqslant k\}}.$$

下面采用三种方法计算矩阵 H 的主特征值.

(1) 第一种方法是利用 MatLab (版本 R2016b) 里面的宏包 “eig” (用于计算矩阵的特征值和特征向量) 计算矩阵 H 的最大特征对子: $(g,\lambda_0)=\text{eigs}(H,1)$. 用如下公式

$$\max\{(H\mathbf{g})_j/g_j\}-\min\{(H\mathbf{g})_j/g_j\}<10^{-6}$$

确认计算是否获得正确结果, 则用 “eig” 可正确地计算到 $N=45$ 阶.

(2) 第二种方法是用 Mathematica (版本 11.3) 里面的宏包 “Eigensystem” 计算矩阵 H 的最大特征对子, 出现了相似的结果. 从 $N=40$ 开始, 最大特征向量的分量出现异号, 这与 Perron-Frobenius 定理矛盾, 因此结果错误.

(3) 第三种方法是用算法 4.1 计算矩阵 H 的最大特征对子, 计算精度同样用

$$\max\{(H\mathbf{w})_j/w_j\} - \min\{(H\mathbf{w})_j/w_j\} < 10^{-6},$$

保留到六位有效数字, 这里的 $\mathbf{w}$ 是对应的特征向量的输出, 可正确地计算到 $N = 1795$. 因为模拟特征向量衰减得很快 (可达到 10^{-317}), 这里需要计算 234 步才能得到特征值的稳定逼近: 8.99978. 但当 $N = 1796$ 时, 结果好像不正确, 因为此时有

$$\max\frac{(H\mathbf{w})_j}{w_j} - \min\frac{(H\mathbf{w})_j}{w_j} > 10^{-6}.$$

例 4.1 说明算法 4.1 是有意义的, 但仍然需要新的技巧来进一步改进算法, 以减少计算步数, 达到更好的计算效果. 本章将对这个问题逐步给出部分解答.

第二节　非负矩阵的特征值计算方法

给定向量 $\mathbf{v}$, 用 $\|\mathbf{v}\|$ 代表向量 $\mathbf{v}$ 的 ℓ^2-范数. 本节假设矩阵 $A = (a_{ij} : 0 \leqslant i, j \leqslant N)$ 不可约且逐点非负 ($a_{ij} \geqslant 0$). 这里, 忽略每行的行和均为同一个常数 m 的情况: $\sum_j a_{ij} \equiv m$, $\forall\, i$. 首先, 利用幂法给出初值, 算法 4.1 有一个自然的改进, 这样可以有效地减少迭代步数.

一、幂迭代方法的优势利用

算法 4.2. (算法 4.1 基于幂法的改进)　给定非负不可约的矩阵 $A = (a_{ij})$, 用如下步骤计算矩阵 A 的主特征对子.

(1) 确定初值 $\left(\mathbf{y}^{(0)}, z^{(0)}\right)$: 令 $\mathbf{w}^{(0)} = A(\mathbb{1}/\|\mathbb{1}\|)$, $\mathbf{x}^{(0)} = A(\mathbf{w}^{(0)}/\|\mathbf{w}^{(0)}\|)$,

$$\mathbf{u}^{(0)} = \mathbf{x}^{(0)}/\|\mathbf{x}^{(0)}\|, \quad \mathbf{y}^{(0)} = A\mathbf{u}^{(0)}.$$

用矩阵 A^{T}(即矩阵 A 的转置) 代替矩阵 A, 再令

$$\widehat{\mathbf{w}} = A^{\mathrm{T}}\frac{\mathbb{1}}{\|\mathbb{1}\|}, \quad \widehat{\mathbf{x}} = A^{\mathrm{T}}\frac{\widehat{\mathbf{w}}}{\|\widehat{\mathbf{w}}\|}, \quad \widehat{\mathbf{u}} = \frac{\widehat{\mathbf{x}}}{\|\widehat{\mathbf{x}}\|}, \quad \widehat{\mathbf{y}} = A^{\mathrm{T}}\widehat{\mathbf{u}}.$$

然后, 定义

$$z^{(0)}=\left(\max_{0\leqslant i\leqslant N}\frac{\mathbf{y}_i^{(0)}}{\mathbf{u}_i^{(0)}}\right)\bigwedge\left(\max_{0\leqslant i\leqslant N}\frac{\widehat{\mathbf{y}}_i}{\widehat{\mathbf{u}}_i}\right).$$

(2) 迭代得序列 $\left(\mathbf{y}^{(n)},z^{(n)}\right)(n\geqslant 1)$: 给定 $\mathbf{y}=\mathbf{y}^{(n-1)}$ 和 $z=z^{(n-1)}$, 令 $\mathbf{v}=\mathbf{y}/\|\mathbf{y}\|$. 设 $\mathbf{w}=\mathbf{w}^{(n)}$ 是如下线性方程的解:

$$(zI-A)\mathbf{w}=\mathbf{v}. \tag{4.2}$$

然后, 定义

$$\mathbf{x}^{(n)}=A\frac{\mathbf{w}}{\|\mathbf{w}\|},\quad \mathbf{u}^{(n)}=\frac{\mathbf{x}^{(n)}}{\|\mathbf{x}^{(n)}\|},\quad \mathbf{y}^{(n)}=A\mathbf{u}^{(n)}.$$

$$\widetilde{z}^{(n)}=\min_{0\leqslant j\leqslant N}\frac{\mathbf{y}_j^{(n)}}{\mathbf{u}_j^{(n)}},\quad z^{(n)}=\max_{0\leqslant j\leqslant N}\frac{\mathbf{y}_j^{(n)}}{\mathbf{u}_j^{(n)}}.$$

若 $z^{(n)}-\widetilde{z}^{(n)}<10^{-7}$ (或 $|z^{(n)}-z^{(n+1)}|<10^{-7}$), 则停止计算. 所得序对 $\left\{\left(\mathbf{y}^{(n)},z^{(n)}\right)\right\}$ 是 A 的主特征对子的近似, 且 $\left\{\left(\mathbf{y}^{(n)},z^{(n)}\right)\right\}_{n\geqslant 1}$ 收敛于 A 的主特征对子. 另外, $\{z^{(n)}\}$ $\left(\text{resp.}, \{\widetilde{z}^{(n)}\}\right)$ 关于 n 单调下降(resp., 上升).

注意到矩阵 A 和其转置 A^{T} 具有相同的特征值, 因此主特征值的下界可用二者的最优估计. 在算法 4.2 的第 (1) 步确定初值 $z^{(0)}$ 时, 若其定义的第一部分小于等于第二部分, 则称为 “ 取行和”, 否则称为“取列和”. 在算法 4.2 中, 主特征向量的逼近序列 $\{\mathbf{y}^{(n)}\}_{n\geqslant 0}$ 不同于算法 4.1 中的主特征向量的逼近序列 $\{\mathbf{v}^{(n)}\}_{n\geqslant 0}$, 这里的 $\mathbf{y}^{(n)}$ 没有归一化. 可以看出, 算法 4.2 是通过给算法 4.1 增加两步幂迭代所得. 由于推移的逆迭代所需的迭代步数严重依赖于初值 $z^{(0)}$ 和 $\mathbf{v}^{(0)}$ 的选取, 所以寻找非负矩阵的最大特征值的估计是改进算法 4.1 的方式. 近年来, 关于非负矩阵的最大特征值的估计可见参考文献 [2, 23, 38] 及相关参考文献. 特别地, 文献 [38] 中的估计对算法 4.1 的初值 $z^{(0)}$ 有显著提高. 和算法 4.2 类似, 文献 [2, 23, 38] 中的估计都是通过取

简单的实验函数 $\mathbf{x} = \mathbb{1}$, 利用变分公式 (4.1) 得到. 细心的读者可以发现, 文献 [2] 和文献 [38] 用到的主要工具都是幂法 $A^2\mathbb{1}$, 或更一般的 $A^m\mathbb{1}\,(m \in \mathbb{N})$. 因此, 这两篇文献均可看作基于幂法的修正. 鉴于以上分析, 这里简单地将初始向量 $\mathbf{v}^{(0)}$ 选为 $A^m\mathbb{1}$, 在此基础上, 利用式 (4.1) 产生新的 $z^{(0)}$. 这个技巧在本章中将经常用到. 从文献 [6] 中的例 3 可知, 幂迭代方法因其收敛速度慢而不实用, 然而从此例亦可看出, 在刚开始用幂迭代方法时, 收敛速度并不慢. 因此, 这里又开始重视起幂迭代方法. 此外, 算法中精度取为 10^{-7} 是为了保证输出结果安全, 满足我们这里要求的设定精度 10^{-6}. 而本章的所有例子都是在精度为 10^{-6} 的情况下计算的.

在算法 4.2(1) 中, 忽略序列 $\mathbf{u}^{(0)}$, 分别对 $\mathbf{w}^{(0)}$ 和 $\mathbf{x}^{(0)}$ 用了两次幂法, 因此, 本章将其称为 "$\mathbf{v}^{(0)}$ 的 2 次迭代". 下面一般只用 "$\mathbf{v}^{(0)}$ 的 2 次迭代", 偶尔用 "$\mathbf{v}^{(0)}$ 的 4 次迭代". 下面给出几个例子例证算法 4.2 的效果. 例 4.2 至例 4.4 用 MATLAB R2016b 计算所得.

例 4.2 (Circulant 矩阵). 考虑如下矩阵

$$A = \begin{pmatrix} 1 & 2 & 3 & \cdots & N-1 & N \\ 2 & 1 & 2 & \cdots & N-2 & N-1 \\ \vdots & \vdots & \vdots & \ddots & \vdots & \vdots \\ N-1 & N-2 & N-3 & \cdots & 1 & 2 \\ N & N-1 & N-2 & \cdots & 2 & 1 \end{pmatrix}.$$

这里的矩阵 A 是正的、对称的, 其主特征值对应的特征向量是对称的. 利用算法 4.2, 分别用 "$\mathbf{v}^{(0)}$ 的 2 次迭代" 和 "$\mathbf{v}^{(0)}$ 的 4 次迭代" 进行计算, 当矩阵 A 的阶数不同时, 表 4.1 和表 4.2 列出了矩阵 A 的最大特征值的逼近序列 $\{z^{(k)}\}$ 的输出结果. 这里的输出结果均保留六位有效数字. 在表 4.1 和表 4.2 中, $N = 8$ 的结果用 Mathematica 和 MatLab 两种计算软件进行了验证. 作为比较, 表 4.3 给出了算法

4.1 的计算结果. 此例说明, 用幂法改进初值的选取, 在每一步迭代后再用幂法进一步改进下一步的推移, 可有效减少算法的迭代步数.

表 4.1　N 不同时, 用算法 4.2 计算的输出结果 ($\mathbf{v}^{(0)}$ 的 2 次迭代)

N	$z^{(0)}$	$z^{(1)}$	$z^{(2)}$
8	29.7241	29.638	
32	388.542	386.326	386.325
100	3594.75	3570.32	
500	87974.7	87334.7	87334.5
1000	350950	348374	348373
1600	897520	890911	890910

表 4.2　N 不同时, 用算法 4.2 计算的输出结果 ($\mathbf{v}^{(0)}$ 的 4 次迭代)

N	$z^{(0)}$	$z^{(1)}$	N	$z^{(0)}$	$z^{(1)}$
8	29.6396	29.638	500	87355.6	87334.5
32	386.386	386.325	1000	348459	348373
100	3571.08	3570.32	1600	891129	890910

表 4.3　用算法 4.1 计算,不同 N 的输出结果

N	$z^{(1)}$	$z^{(2)}$	$z^{(3)}$	$z^{(4)}$
8	30.519	29.6602	29.638	
32	414.272	387.922	386.331	386.325
100	3883.74	3591.51	3570.43	3570.32
500	95577.5	87927.4	87338.1	87334.5
1000	381553	350778	348388	348373
1600	976051	897098	890948	890910

例 4.3 (Sequential 序列). 考虑矩阵

$$A=\begin{pmatrix} 1 & 2 & 3 & \cdots & N-1 & N \\ N+1 & N+2 & N+3 & \cdots & 2N-1 & 2N \\ \vdots & \vdots & \vdots & \ddots & \vdots & \vdots \\ N^2-N+1 & N^2-N+2 & N^2-N+3 & \cdots & N^2-1 & N^2 \end{pmatrix}.$$

当 $N=4$ 时, 初值推移取 $z^{(0)}$ 为列和. 用算法 4.2 计算形如类型 A 的最大特征对子, 特征值逼近序列的保留精度为 10^{-6}, 这里仅用 1 步便可计算出所需的结果.

$$\{z^{(k)}\}_{k=0}^{1}: \quad 36.2222, \quad 36.2094.$$

而 [6; 例 14] 中则需要 4 步才可计算出所需结果.

当 $N=50$ 时, 用算法 4.2 计算形如类型 A 的最大特征对子, 当特征值逼近序列仍保留精度为 10^{-6} 时, 仍然仅用 1 步便可计算出正确结果.

$$\{z^{(k)}\}_{k=0}^{1}: \quad 62938.6, \quad 62938.6.$$

这里, $N=4$ 和 $N=50$ 的计算结果用 Mathematica 和 MatLab 两种方法进行了核对. 当 $N\geqslant 100$ 时, 用算法 4.2 计算形如类型 A 的最大特征对子, 表 4.4 给出了特征值逼近序列的输出结果. 这里所有的计算均仅需 1 步便得出所需结果.

表 4.4 用算法 4.2 计算 A 的最大特征值, N 不同时的输出结果

N	$z^{(0)}$	$z^{(1)}$
100	501710.85	501710.82
1000	500167110.85	500167110.82
2000	4000667555.3	4000667555.26

对比 [6; 例 14] 中用算法 4.1 算得的结果可知, 算法 4.2 亦减少了迭代步数.

例 4.4 (承例 4.1). 考虑两种类型的矩阵 H 和 $\widetilde{H}$, 其中 H 如同例 4.1 形式的矩阵. 而 $\widetilde{H}=(\widetilde{h}_{k\ell})$ 则忽略 H 的示性函数 $\mathbb{1}_{\{\ell\leqslant k\}}$:

$$\widetilde{h}_{k\ell} = \frac{2^{k\wedge\ell}-1}{2^{\ell}}.$$

用算法 4.2 分别计算形如矩阵 H 和 $\widetilde{H}$ 的矩阵的最大特征对子. 本例的表格中用 z^{iter} 代表期望的特征值的稳定结果, 向量 $\mathbf{v}^{\text{iter}}$ 代表稳定的特征向量, 其中 iter 代表用算法 4.2 计算时获得期望的稳定结果所需要的迭代步数, iter0 代表用算法 4.1 计算得到相同的期望结果所需要的迭代步数.

对于不同阶数的矩阵, 表 4.5 和表 4.6 列出了分别用算法 4.1 和算法 4.2 计算时获得期望的稳定结果所需的迭代步数、两种算法所得稳定特征值的输出结果, 以及稳定特征向量的最大值和最小值的比值.

表 4.5　用算法 4.2 计算 H 的最大特征值, N 不同时的输出结果

N	iter0	iter	z^{iter}	$\max(v^{\text{iter}})/\min(v^{\text{iter}})$
100	28	17	8.934787	7.743369×10^{-9}
500	89	61	8.997203	6.594556×10^{-8}
1000	150	107	8.999295	9.026395×10^{-8}
1500	204	149	8.999686	1.617165×10^{-7}
1795	234	173	8.999781	2.762561×10^{-7}
1796	234	173	8.999781	1.291966×10^{-6}

表 4.6　用算法 4.2 计算 $\widetilde{H}$ 的最大特征值, N 不同时的输出结果

N	iter0	iter	z^{iter}	$\max(v^{\text{iter}})/\min(v^{\text{iter}})$
100	25	15	5.784423	2.677261×10^{-7}
500	80	55	5.826557	9.008915×10^{-8}
1000	133	96	5.827956	5.365588×10^{-7}
2000	226	169	5.828309	9.745920×10^{-7}
2099	235	176	5.82832	9.718122×10^{-7}
2100	235	176	5.82832	1.727677×10^{-6}

以上三例说明用幂法改进初值 $(\mathbf{v}^{(0)}, z^{(0)})$ 的选取, 将有效地减少推移的逆迭代所需的迭代步数, 所得结果有效. 下面将要说明在某些情形, 这样做是失败的. 下面的例 4.5 和例 4.6 是用 Mathematica 完成的.

例 4.5 ([9; 例 7]). 定义空间 $E=\{1,\cdots,N\}$ 上的如下形式的单生 Q 矩阵:

$$Q=\begin{pmatrix} -1 & 1 & & & & \\ a_2 & -a_2-2 & 2 & & 0 & \\ a_3 & & -a_3-3 & 3 & & \\ \vdots & & & \ddots & \ddots & \\ a_{N-1} & & 0 & & -a_{N-1}-N+1 & N-1 \\ a_N & & & & & -a_N-N \end{pmatrix}.$$

为简单起见, 取 $a_k=1/k$. 定义矩阵 Q 的正推移:

$$A=Q+(N+N^{-1})\,I,$$

则 A 是非负矩阵. 首先, 试验幂法对上述类型的矩阵 A 的效果. 为此, 令

$$\mathbf{v}^{(0)}=\frac{\mathbb{1}}{\sqrt{N}}, \qquad z^{(0)}=\max_{1\leqslant j\leqslant N}\frac{(A\mathbf{v}^{(0)})_j}{v_j^{(0)}},$$

$$\mathbf{v}^{(k)}=A\frac{\mathbf{v}^{(k-1)}}{\|\mathbf{v}^{(k-1)}\|}, \qquad z^{(k)}=\max_{1\leqslant j\leqslant N}\frac{(A\mathbf{v}^{(k)})_j}{v_j^{(k)}}.$$

这里, 向量 $\mathbf{v}^{(k)}$ 和数 $z^{(k)}$ 分别是矩阵 A 的最大特征向量及其最大特征值的模拟. 表 4.7 列出了 $N=50$ 时, 用幂迭代进行计算, 不同迭代步数 k 对应的最大特征值的近似值 $z^{(k)}$ 的输出结果. 所得结果由 Mathematica 和 MatLab 两种软件提供.

表 4.7　例 4.4 中不同迭代步数的近似特征值的输出结果

k	$z^{(k)}$
$1 \leqslant k \leqslant 93$	50.02
$94 \leqslant k \leqslant 98$	50.0199
$99 \leqslant k \leqslant 100$	50.0198

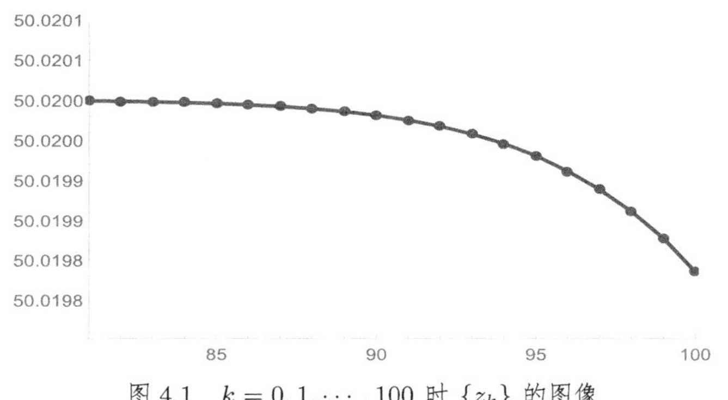

图 4.1　$k=0,1,\cdots,100$ 时 $\{z_k\}$ 的图像

图 4.1 显示了特征值逼近序列随着迭代步数的变化情况, 说明特征值逼近序列 $\{z^{(k)}\}$ 收敛到最大特征值 $\rho(A)=49.6592$ 的速度很慢. 这是为什么呢? 我们来分析其原因. 注意到迭代方法是为了使得最大特征向量的逼近序列 $\{\mathbf{v}^{(k)}\}$ 收敛. 因此, 为了弄清楚这个问题, 下面给出第 5 步迭代的特征向量 $\mathbf{v}^{(5)}$ 的输出结果:

$$(7.37395,\ \cdots,\ 7.37395,\ 1.38646,\ 0.0825569,$$
$$0.0100788,\ 0.00601827,\ 0.0029484).$$

这说明 5 步迭代后, 向量 $\mathbf{v}^{(5)}$ 的 50 个分量中只有最后 5 个分量改变, 其他分量都为 7.37395. 另外, 如果读者看 $\mathbf{v}^{(10)}$ 的输出结果, 将会发现只有 $\mathbf{v}^{(10)}$ 的最后 10 个分量改变. 通过试验观察发现, 逼近序列改变的分量数目随着迭代步数 k 单调下降. 这是因为矩阵 A 是稀疏矩阵且除掉最后一行外的其他行的行和为 0. 因此, $\{z^{(k)})\}$ 的输出结果直到 $k=93$ 阶都保持为 50.02.

从前面的算例看到，幂迭代方法对正矩阵 (例 4.3 和例 4.4) 是足够有效的，但对稀疏矩阵(例 4.5) 的效果很差. 为了确认此结论，下面给出一个修正的例子：令

$$A_Q = (-Q)^{-1} \quad (\text{可由推论 3.3 计算得到}).$$

则由引理 1.26 知，A_Q 是正的. 现在将幂迭代应用于矩阵 A_Q，用算法 4.2 计算矩阵 A_Q ($N = 50$) 的最大特征对子，第 2 步便得到了需要的特征值逼近.

$$\{z^{(k)}\}_{k=0}^{2}: \quad 2.83409, \quad 2.77215, \quad 2.77174. \tag{4.3}$$

而这个例子在 [9; 例 7] 中需要 5 步才能得到所需的结果. 本例再一次例证了幂法的效果.

例 4.6 (单死模型). 考虑具有如下形式的单死型矩阵 $Q=(q_{ij})_{i,j=1}^N$：

$$Q=\begin{pmatrix}
-\frac{7}{3^2} & \frac{2}{3^3} & \frac{2}{3^4} & \cdots & \frac{2}{3^{N-1}} & \frac{2}{3^N} & \frac{1}{3^N} \\
\frac{2}{3} & -\frac{7}{3^2} & \frac{2}{3^3} & \cdots & \frac{2}{3^{N-2}} & \frac{2}{3^{N-1}} & \frac{1}{3^{N-1}} \\
 & \frac{2}{3} & -\frac{7}{3^2} & \ddots & \ddots & \frac{2}{3^{N-2}} & \frac{1}{3^{N-2}} \\
 & & \ddots & \ddots & \ddots & \vdots & \vdots \\
 & & & \ddots & -\frac{7}{3^2} & \frac{2}{3^2} & \frac{1}{3^2} \\
 & \mathbf{0} & & & \frac{2}{3} & -\frac{7}{3^2} & \frac{1}{3^2} \\
 & & & & & \frac{2}{3} & -\frac{2}{3}
\end{pmatrix}.$$

定义矩阵 Q 的推移

$$A = Q + \frac{7}{9} I.$$

显然，矩阵 A 非负. 类似于例 4.5，将幂迭代应用于现在的矩阵 A. 表 4.8 列出了 $N = 50$ 时，不同迭代步数 k 对应的近似特征值 $z^{(k)}$ 的输出结果.

表 4.8　例 4.6 中 A 的幂迭代输出结果

k	$z^{(k)}$
$1 \leqslant k \leqslant 44$	$7/9 \approx 0.777778$
$k = 45$	0.777728
$k = 46$	0.777308
$k = 50$	0.77263

这里的临界点是 $k = 45$, 比例 4.5 的临界点小. 因为例 4.5 比例 4.6 稀疏得多, 因此这个输出结果是合理的.

接着前面的例子, 将算法 4.2 应用于矩阵 $H(= A_Q) = (-Q)^{-1}$ (可由推论 3.14 计算得到). 奇怪的是例 4.5 仅需 2 步便可得到期望的结果, 而这里, 需要迭代 10 步才能得到期望的结果, $\{z^{(k)}\}_{k=0}^{10}$ 的结果如下:

$$\begin{gathered}27.7745,\ 19.2867,\ 14.3267,\ 11.7687,\ 10.3249,\ 9.49169, \\ 9.03474,\ 8.8256,\ 8.76758,\ 8.7628,\ 8.76276.\end{gathered} \tag{4.4}$$

对比式 (4.3) 和式 (4.4) 需要的不同迭代步数, 这里又遇到了新的挑战. 事实上, 这是因为例 4.5 和例 4.6 中的矩阵 A_Q 和 H 的振幅不同. 两个矩阵的振幅列于表 4.9.

表 4.9　例 4.5 和例 4.6 中的矩阵 A_Q 和 H 的振幅

例	振幅
例 4.5	$\min A_Q = 8.16327 \times 10^{-6}, \quad \max A_Q = 1.802$
例 4.6	$\min H = 8.88178 \times 10^{-16}, \quad \max H = 2$

综合以上试验, 可以得出结论, 幂法对正矩阵是足够有效的, 但若矩阵的振幅较大或者矩阵较稀疏, 则算法 4.2 变得效果不好. 后面矩阵的拟对称技术将处理矩阵的振幅较大的情况, 而本章第三节 Q 矩阵的改进算法将对矩阵较稀疏的情况给出解答.

二、矩阵的拟对称技术

对称化技术在第二章三对角矩阵的高效算法中起着一个关键作用, 下面将此方法推广到一般矩阵. 这里利用一个铲平矩阵振幅的方法来改进算法 4.2. 下面提出的算法 4.3 是本章的主要算法.

算法 4.3. 给定矩阵 $A=(a_{ij})$. 定义保守 Q 矩阵:

$$Q = A - \mathrm{diag}(A\mathbb{1}),$$

用 $\mu=(\mu_0,\mu_1,\cdots,\mu_N)$ $(\mu_0=1)$ 代表如下方程的唯一解:

$$\mu Q = 0.$$

然后, 定义拟对称矩阵 A^{sym}:

$$A^{\mathrm{sym}} = \mathrm{diag}(\mu^{1/2}) A \mathrm{diag}(\mu^{-1/2}).$$

准备好矩阵 A^{sym} 和测度 μ 后, 用 A^{sym} 代替算法 4.2 (1) (2) 中的 A. 若对某 $n\geqslant 1$, 有 $z^{(n)}-\widetilde{z}^{(n)}<10^{-7}$ (或 $|z^{(n)}-z^{(n+1)}|<10^{-7}$), 则停止计算. 所得序列 $\left(\mathrm{diag}(\mu^{-1/2})\mathbf{y}^{(n)}, z^{(n)}\right)$ 收敛到矩阵 A 的最大特征对子. 另外, 序列 $\{z^{(n)}\}$ $\left(\text{resp.}, \{\widetilde{z}^{(n)}\}\right)$ 关于 n 单调下降 (resp., 上升).

为了更好地理解矩阵振幅对计算矩阵特征值问题的影响, 首先考虑一个最简单的模型.

例 4.7 (承例 4.4). 令

$$\widetilde{H}=(\widetilde{h}_{kj})_{k,j=1}^{N}, \qquad \widetilde{h}_{kj}=\frac{2^{k\wedge j}-1}{2^j}. \tag{4.5}$$

则 $\widetilde{H}$ 是正矩阵, 它的元素 $\widetilde{h}_{kj}$ 关于 j 指数衰减.

用 Mathematica 里面的宏包 “Eigensystem” 计算这个模型的最大特征对子, 只能正确计算到 $N=11$ 阶; 用 MatLab 里面的宏包 “eig” 只能正确计算到 $N=50$ 阶. 然而, 用算法 4.1 则能正确计算到 $N=2102$ 阶. 例 4.4 用算法 4.2 可正确计算到 $N=2099$ 阶.

事实上, 矩阵 $\widetilde{H}$ 在下面的意义下是对称的: 存在正测度 (μ_k) 使得

$$\mu_i\widetilde{h}_{ij}=\mu_j\widetilde{h}_{ji},\qquad 1\leqslant i,j\leqslant N\ \ (\text{这里的 }\mu_j=2^{-j}).$$

这等价于

$$\widehat{H}=\operatorname{diag}(\mu^{1/2})\widetilde{H}\operatorname{diag}(\mu^{-1/2}).\tag{4.6}$$

因此, 计算矩阵 $\widetilde{H}$ 的最大特征对子转化为计算对称矩阵 $\widehat{H}$ 的最大特征对子. 用算法 4.3 在 Mathematica 上计算形如矩阵 $\widetilde{H}$ 的最大特征对子, 当 $N=2043$ 时, 在第二步便得到需要的结果:

$$\{z^{(k)}\}_{k=0}^{2}:\quad 5.82843,\quad 5.82834,\quad z^{(2)}=5.82831.$$

用 $\mathbf{v}^*$ 简记特征向量的近似值 $\mathbf{v}^{(2)}$, 则有 $\max(\mathbf{v}^*)/\min(\mathbf{v}^*)=648.912$. 其图像见图 4.2.

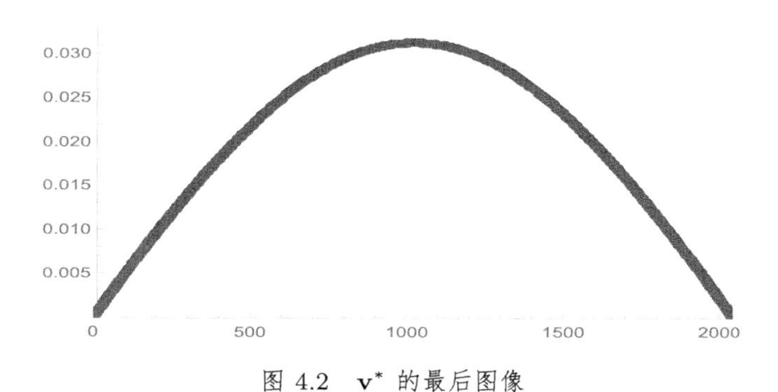

图 4.2　$\mathbf{v}^*$ 的最后图像

用测度 $\mu_j=2^{-j}$, $\max\mathbf{v}^*/\min\mathbf{v}^*\approx 648.912$

另外, 可以验证

$$-\widetilde{H}^{-1}=Q=\begin{pmatrix}-3 & 1 & & & & \\ 2 & -3 & 1 & & & \\ & 2 & -3 & 1 & & \\ & & \ddots & \ddots & \ddots & \\ & & & 2 & -3 & 1\\ & & & & 2 & -2\end{pmatrix}.$$

因此, 矩阵 $\widetilde{H}$ 的最大特征对子的计算可转化为矩阵 Q 的最大特征对子的计算, 而矩阵 Q 是第二章中研究的生灭 Q 矩阵. 因此可计算更高阶矩阵的最大特征对子, 这里不再赘述. 这也说明了拟对称技术是非常必要的.

如上所述, 若矩阵可配称化, 则可利用式 (4.6) 将其转化为对称矩阵, 并将矩阵的最大特征对子的计算转化为对称矩阵的最大特征对子的计算. 所以, 很自然的一个问题是: 如何处理矩阵不可配称的情况? 为此, 首先引进如下记号.

定义 4.1. 给定正测度 μ, 由式 (4.6) 定义的矩阵 $\widehat{H}$ 称为矩阵 $\widetilde{H}$ 关于测度 μ 的拟对称化矩阵.

定义 4.1 蕴含的一个基本事实是, 矩阵 $\widetilde{H}$ 关于测度 μ 可对称化等价于由式 (4.6) 定义的矩阵 $\widehat{H}$ 是对称矩阵. 因此, 拟对称化方法是对称化方法的推广. 在第二章中, 这一步起着很重要的作用.

给定非对角线元素非负的矩阵 A, 如何找到一个正的测度 μ 使得拟对称后的矩阵 $\widehat{A}$ 变得尽可能对称呢? 基于此问题, 下面回到可对称化的情形, 在第二章处理三对角矩阵的特殊情形下, 直接给出了测度 μ 的表达式. 下面介绍一个 μ 的计算方法.

定义 4.2 (计算构造). 设矩阵 A_0 是通过移除矩阵 A 的对角线元素之后所得的矩阵. 然后, 令

$$Q = A_0 - \text{DiagonalMatrix}[A_0\mathbb{1}].$$

若 μ 是如下线性方程的解

$$\mu Q = 0, \qquad \mu_0 = 1. \tag{4.7}$$

则测度 μ 称为 Q 的调和测度.

显然, 矩阵 Q 是保守的 Q 矩阵 (即 $Q\mathbb{1} = 0$), 若矩阵 Q 还是不可约的, 则调和测度 μ (概率中称为不变测度) 是正的且唯一的.

为了检验拟对称化的效果, 下面继续研究例 4.6. 为此, 采用如下表达式 $H = (-Q)^{-1}$ (这里的矩阵 Q 由例 4.6 定义).

$$H=(h_{kj})_{k,j=1}^{N}, \qquad h_{kj}=\frac{2^{k\wedge j}-1}{2^j}+\mathbb{1}_{\{j\leqslant k\}}. \tag{4.8}$$

这里的矩阵 H 亦可由推论 3.14 计算. 式 (4.8) 的矩阵 H 比例 4.7 中式 (4.5) 的矩阵 $\widetilde{H}$ 多了一项示性函数 $\mathbb{1}_{\{j\leqslant k\}}$.

例 4.8 (承例 4.6). 设矩阵 H 由式 (4.8) 定义, 则当 $N=50$ 时, 利用算法 4.3, 计算 4 步便可得到需要的结果. 其输出结果如下.

$$\{z^{(k)}\}_{k=0}^{4}: \ 9.10864,\ 8.8773,\ 8.78454,\ 8.76351,\ 8.76276.$$

一般地, 用调和测度作为拟对称化测度已经足够. 事实上, 调和测度是本节例子应用的基础. 在可配称化情形下, 方法很自然. 但是, 拟对称化测度并不一定只是调和测度. 比如, 式 (4.8) 定义的矩阵 H 和式 (4.5) 定义的矩阵 $\widetilde{H}$ 密切相关, 因此, 可以直接用式 (4.5) 的配称化测度 $\mu_k=2^{-k}$ 作为矩阵式 (4.8) 的拟对称化测度, 所得拟对称化矩阵记为 H_1, 则算法 4.3 可将此例计算到 $N=523$ 阶. 如果想计算更高阶的矩阵, 则需要寻找矩阵 H_1 的调和测度. 然而, 调和方程 (4.7) 可解当且仅当 $N\leqslant 303\,(<523)$. 因此, 这里需要一个新的想法. 事实上, 陈木法的文献 [10] 利用优选法寻找到了新的拟配称测度并将此例成功计算到 $N=1700$ 阶, 详见作者和陈木法的文章 [13; §4]. 那里将最大特征向量拟对称化, 研究了三个不同的例子, 这里不再赘述.

下面用算法 4.3 做随机测试. 这里不仅想知道算法的效果, 还想看到此算法的失败率 (类似于例 4.8). 下面用 MatLab 里面的宏包 “rand” 随机生成矩阵元素取值于 $(0,10)$ 的随机矩阵, 然后用配置为 [Intel(R) Core(TM)i5-8350U CPU @1.70GHz(8 CPUs), ~1.9 GHz and 8192MB RAM] 的笔记本电脑随机做了两个测试.

(1) 取 $N=5\,000$, 用时 7 小时共计算 2 326 个例子, 平均每个例子耗时 $\leqslant 11$ 秒.

(2) 取 $N = 1\,000$, 用时 2小时共计算 36 448 个例子, 平均每个例子耗时 $\leqslant 0.2$ 秒.

在上面的两个测试中, 没有失败的例子. 上述所有例子在算法的第二部分仅需迭代 1 步便可得到正确结果. 可以看出, 计算速度很快, 算法的测试结果出乎意料.

第三节　Q 矩阵的改进算法

本章第二节解释了算法 4.3 的每一步改进. 由于用机器解矩阵元素几乎都为正的线性方程 (4.2) 比解稀疏矩阵的线性方程要困难得多, 因此, 本节用稀疏矩阵 Q 代替方程 (4.2) 中的 A, 提出另外一个算法. 本节假设矩阵 Q 是不可约的.

算法 4.4. 设矩阵 $Q = (q_{ij})$ 是稀疏的不可约 Q 矩阵. 令 $A = (a_{ij}) = (-Q)^{-1}$. 定义保守 Q 矩阵

$$Q_1 = A - \text{diag}(A\mathbb{1}),$$

设 $\mu = (\mu_0, \mu_1, \cdots, \mu_N)$ $(\mu_0 = 1)$ 是如下方程的唯一解:

$$\mu Q_1 = 0.$$

然后, 定义拟对称矩阵 A^{sym} :

$$A^{\text{sym}} = \text{diag}(\mu^{1/2}) A \text{diag}(\mu^{-1/2}),$$

和

$$Q^{\text{sym}} = \text{diag}(\mu^{1/2}) Q \text{diag}(\mu^{-1/2}).$$

用以下几步计算矩阵 Q 的代数最大特征对子.

(1) 确定初值 $\left(\mathbf{y}^{(0)}, z^{(0)}\right)$: 令 $\mathbf{w}^{(0)} = A^{\text{sym}} \dfrac{\mathbb{1}}{\|\mathbb{1}\|}$, $\mathbf{x}^{(0)} = A^{\text{sym}} \dfrac{\mathbf{w}^{(0)}}{\|\mathbf{w}^{(0)}\|}$,

$$\mathbf{u}^{(0)} = \mathbf{x}^{(0)} / \|\mathbf{x}^{(0)}\|, \quad \mathbf{y}^{(0)} = A^{\text{sym}} \mathbf{u}^{(0)}.$$

用 $(A^{\text{sym}})^{\text{T}}$ (A^{sym} 的转置) 代替 A^{sym}, 有:

$$\widehat{\mathbf{w}} = (A^{\text{sym}})^{\text{T}} \frac{\mathbb{1}}{\|\mathbb{1}\|}, \quad \widehat{\mathbf{x}} = (A^{\text{sym}})^{\text{T}} \frac{\widehat{\mathbf{w}}}{\|\widehat{\mathbf{w}}\|}, \quad \widehat{\mathbf{u}} = \frac{\widehat{\mathbf{x}}}{\|\widehat{\mathbf{x}}\|}, \quad \widehat{\mathbf{y}} = \widehat{\mathbf{u}}.$$

接下来, 定义

$$z^{(0)} = \left(\min_{0\leqslant i\leqslant N} \frac{\mathbf{u}_i^{(0)}}{\mathbf{y}_i^{(0)}}\right) \bigvee \left(\min_{0\leqslant i\leqslant N} \frac{\widehat{\mathbf{u}}_i}{\widehat{\mathbf{y}}_i}\right).$$

(2)　迭代方法 $\left(\mathbf{y}^{(n)}, z^{(n)}\right)$ $(n \geqslant 1)$: 给定 $\mathbf{y} = \mathbf{y}^{(n-1)}$ 和 $z = z^{(n-1)}$, 令 $\mathbf{v} = \mathbf{y}/\|\mathbf{y}\|$, 设 $\mathbf{w} = \mathbf{w}^{(n)}$ 是线性方程

$$(-Q^{\text{sym}} - zI)\mathbf{w} = \mathbf{v}, \tag{4.9}$$

的解. 然后, 定义

$$\mathbf{u}^{(n)} = \frac{\mathbf{w}}{\|\mathbf{w}\|}, \quad \mathbf{y}^{(n)} = (A^{\text{sym}})\mathbf{u}^{(n)}.$$

$$\widetilde{z}^{(n)} = \max_{0\leqslant j\leqslant N} \frac{\mathbf{u}_j^{(n)}}{\mathbf{y}_j^{(n)}}, \quad z^{(n)} = \min_{0\leqslant j\leqslant N} \frac{\mathbf{u}_j^{(n)}}{\mathbf{y}_j^{(n)}}.$$

则序列 $\{\left(z^{(n)}, \text{diag}(\mu^{-1/2})\mathbf{y}^{(n)}\right)\}_{n\geqslant 1}$ 收敛于 $-Q$ 的代数最小特征对子. 此外, 序列 $\{z^{(n)}\}$ $\left(\text{resp.}, \{\widetilde{z}^{(n)}\}\right)$ 关于 n 单调上升 (resp., 下降).

在算法 4.4 中, 采用矩阵 $-Q$ 的逆矩阵 A 提供矩阵 $-Q$ 的代数最小特征对子的近似值, 因为矩阵 A 是铺满的, 由前面例子可知, 幂法对铺满的正矩阵有效, 这里仍然取“行和” 和 “列和”的较大者, 这是因为矩阵 A 的特征值和矩阵 A^{T} 的特征值是相同的. 拟对称测度也是由矩阵 A 计算求得, 这是因为矩阵 A 可配称当且仅当矩阵 Q 可配称. 线性方程 (4.9) 为稀疏矩阵 Q 的线性方程, 比线性方程 (4.2) 好求解.

例 4.9 至例 4.11 用 MATLAB R2016b 例证了算法 4.4 的效果.

例 4.9. (承例 4.5) 设矩阵 Q 由例 4.5 定义, 表 4.10 列出了用算法 4.4 计算高阶矩阵的结果.

表 4.10 用算法 4.4 计算高阶矩阵, $z^{(n)}$ 的输出

N	$z^{(0)}$	$z^{(1)}$	$z^{(2)}$	$z^{(3)}$
100	0.344177	0.349006	0.349197	
500	0.330312	0.336506	0.337186	
1000	0.327542	0.333984	0.33501	
5000	0.324294	0.330556	0.332632	0.332635
10^4	0.323673	0.329604	0.332181	0.332188

例 4.10. (承例 4.6) 设矩阵 Q 由例 4.6 定义, 注意到 $(-Q)^{-1} = H$, 其中, H 由式 (4.8) 定义. 表 4.11 列出了算法 4.4 的计算结果.

表 4.11 用算法 4.4 计算, $z^{(n)}$ 的输出

N	$z^{(0)}$	$z^{(1)}$	$z^{(2)}$	$z^{(3)}$	$z^{(4)}$
10	0.153758	0.157099	0.157287		
20	0.121057	0.125727	0.126405	0.126417	
40	0.11059	0.11425	0.11546	0.11564	0.115643
55	0.109324	0.112008	0.113244	0.113609	0.113631

这里没有计算高阶矩阵是因为在解调和函数 μ 时遇到了相同的问题. 当 $N = 56$ 时, 由定义 4.2 定义的测度 μ (见式 (4.7)) 出现了复数. 事实上, 即使此例的矩阵 Q 有接近一半的元素为零, 它还不够稀疏.

作为对比, 下面给出来自 [9; 例 9] 的例子的计算结果. 下例来自经典的分支过程.

例 4.11. 设 $(p_k : k \geqslant 0)$ (约定 $p_1 = 0$) 是给定的概率测度. 令

$$Q=\begin{pmatrix} -1 & p_2 & p_3 & \cdots\cdots & p_{N-2} & p_{N-1} & \sum_{k\geqslant N} p_k \\ 2p_0 & -2 & 2p_2 & \cdots\cdots & 2p_{N-3} & 2p_{N-2} & 2\sum_{k\geqslant N-1} p_k \\ & 3p_0 & -3 & \ddots & \ddots & 3p_{N-3} & 3\sum_{k\geqslant N-2} p_k \\ & & \ddots & \ddots & \ddots & \vdots & \vdots \\ & & & \ddots & -(N-2) & (N-2)p_2 & (N-2)\sum_{k\geqslant 3} p_k \\ & & & & (N-1)p_0 & -(N-1) & (N-1)\sum_{k\geqslant 2} p_k \\ & 0 & & & & Np_0 & -Np_0 \end{pmatrix},$$

其中,

$$p_0=\alpha/2,\ p_1=0,\ p_2=(2-\alpha)/2^2,\ \ldots, p_n=(2-\alpha)/2^n, \cdots,\ \alpha \in (0,2).$$

用算法 4.3 和算法 4.4 计算矩阵 Q 的代数最大特征对子, 得到了相同的计算结果. 表 4.12 列出了当 $\alpha = 7/4$ 时, 矩阵 $-Q$ 的代数最小特征值的逼近序列.

表 4.12. 矩阵 $-Q$ 的代数最小特征值的逼近序列

N	$z^{(0)}$	$z^{(1)}$	$z^{(2)}$	$z^{(3)}$
8	0.607604	0.637006	0.638152	0.638153
16	0.58672	0.623429	0.625536	0.625539
50	0.583721	0.622556	0.624995	0.625
100	0.583719	0.622555	0.624995	0.625
5000	0.583719	0.622555	0.624995	0.625
10000	0.553387	0.620935	0.624987	0.625

由以上 3 例可知, 本节提出的算法对计算 Q 矩阵的代数最大特征对子是有效的, 算法 4.3 和算法 4.4 部分回答了本章第一节提出的挑战性问题. 事实上, 算法 4.4 可看作第一章高效算法的一般推广. 下节将给出本章主要算法的关系及收敛性证明.

第四节　算法的收敛性证明

本节给出算法 4.3 和算法 4.4 的迭代序列的收敛性证明.

一、准备知识

首先, 给出幂迭代的收敛性结果.

引理 4.5. 给定正向量 $v^{(0)}$ 和非负不可约矩阵 A, 由幂迭代定义

$$v^{(n)} = A\frac{v^{(n-1)}}{\|v^{(n-1)}\|}, \qquad n \geqslant 1,$$

然后定义

$$z^{(n)} = \sup_k \frac{\left(Av^{(n)}\right)_k}{v_k^{(n)}}.$$

则当 $n \to \infty$ 时, $\{z^{(n)}\}$ 单调下降收敛到矩阵 A 的最大特征值 $\rho(A)$.

证明 首先, 因为 $v^{(0)}$ 是正的, 故对一切 $n \geqslant 1$, 有 $v^{(n)}$ 为正.

其次, 若 $z^{(n)} \equiv \infty$, 则结论成立. 否则, 假设 n_0 是 $\{0, 1, \cdots, n_0\}$ 中第一个满足 $z^{(n_0)} < \infty$ 的数. 不妨假设 $n_0 = 0$.

给定非负序列 $\{\alpha_j\}$, 实数列 $\{a_j\}$ 和 $\{b_j\}$, 若存在常数 z 使得

$$a_j \leqslant zb_j, \qquad \forall\, j,$$

则首先有

$$\sum_k \alpha_k a_k \leqslant z \sum_k \alpha_k b_k.$$

若另有 $\sum\limits_k \alpha_k b_k > 0$, 则

$$\frac{\sum_k \alpha_k a_k}{\sum_k \alpha_k b_k} \leqslant z.$$

注意到在 $z^{(n)}$ 的定义中, 归一化常数 $\|v^{(n-1)}\|$ 不起作用, 因此可将幂迭代改写为

$$v^{(n)} = Av^{(n-1)}, \qquad n \geqslant 1.$$

因此, 由刚证明的基本事实, 有

$$\frac{\left(Av^{(n)}\right)_j}{v_j^{(n)}}=\frac{\left(Av^{(n)}\right)_j}{\left(Av^{(n-1)}\right)_j}=\frac{\sum_k a_{jk}\left(Av^{(n-1)}\right)_k}{\sum_k a_{jk}v_k^{(n-1)}}\leqslant\sup_k\frac{\left(Av^{(n-1)}\right)_k}{v_k^{(n-1)}}=z^{(n-1)}.$$

两边关于 j 同时取上确界, 可得 $z^{(n)}\leqslant z^{(n-1)}$.

最后, 为证明 $\{z^{(n)}\}$ 的单调性, 需要推移的逆迭代的一个收敛性结果. 此技巧在第三章算法的收敛性证明中用到过. 为方便理解, 这里给出更一般矩阵的结果. 首先, 假设矩阵 Q 满足引理 1.26 的假设, v 是给定的正向量, 令

$$z=\min_{0\leqslant\ell\leqslant N}\frac{v(\ell)}{(-Q)^{-1}v(\ell)}. \tag{4.10}$$

由 Q 矩阵形式的 Collatz-Wielandt 公式 (定理 1.29) 知, 对一切正函数 g, 有

$$\lambda_0\geqslant\inf_{0\leqslant\ell\leqslant N}\frac{(-Q)g(\ell)}{g(\ell)}.$$

用 $(-Q)^{-1}v$ 代替 g, 可得 $\lambda_0\geqslant z$. 若 $\lambda_0=z$, 则算法结论成立(算法中设定 $z^{(n)}-\tilde{z}^{(n)}<10^{-7}$). 因此, 不失一般性, 假设 $z<\lambda_0$. 然后, 令 $w=(-Q-zI)^{-1}v$, 由引理 2.8 知 w 为正. 定义

$$z_1=\min_{0\leqslant\ell\leqslant N}\frac{w(\ell)}{(-Q)^{-1}w(\ell)}. \tag{4.11}$$

同样地, 设 $z_1<\lambda_0$. 则有下面的断言.

引理 4.6.　设 z 和 z_1 分别由式 (4.10) 和式 (4.11) 定义, 则有

$$0<z\leqslant z_1<\lambda_0.$$

证明　由 z 的定义, 可知

$$z(-Q)^{-1}v(\ell)\leqslant v(\ell). \tag{4.12}$$

即

$$0<w(\ell)=(-Q-zI)^{-1}v(\ell)\overset{(2.17)}{=}(-Q)^{-1}\sum_{n=0}^{\infty}\left[z(-Q)^{-1}\right]^n v(\ell), \tag{4.13}$$

且

$$(-Q)^{-1}\sum_{n=0}^{\infty}\left[z(-Q)^{-1}\right]^{n}v(\ell) \overset{(4.12)}{\leqslant} \frac{v(\ell)}{z}+(-Q)^{-1}\sum_{n=1}^{\infty}\left[z(-Q)^{-1}\right]^{n-1}v(\ell)$$

$$\overset{(2.17)}{=} \frac{1}{z}(-Q)(-Q-zI)^{-1}v(\ell).$$

结合式 (4.13), 可得

$$w \leqslant \frac{1}{z}(-Q)w.$$

由引理 1.26, 知 $(-Q)^{-1}$ 是正算子, 用 $z(-Q)^{-1}$ 同时乘以上述不等式两边, 可得

$$z(-Q)^{-1}w \leqslant w.$$

两边同时除以 $(-Q)^{-1}w$ (逐点), 可得

$$z \leqslant \frac{w(\ell)}{(-Q)^{-1}w(\ell)}.$$

两边关于 ℓ 同时取下确界, 可得

$$z \leqslant \inf_{\ell} \frac{w(\ell)}{(-Q)^{-1}w(\ell)} = z_1.$$

最后, 下面的注 4.7 说明了算法 4.3 和算法 4.4 的紧密联系.

注 4.7. 由算法 4.3 和算法 4.4 分别定义的 $(z^{(n)}, v^{(n)})$ 彼此互相决定, 其关系由下面的式 (4.14) 给出.

证明 为了说明算法 4.3 和算法 4.4 的区别, 首先需要一些记号: 给定 Q 矩阵, 令 $A=(-Q)^{-1}$. 给定初值 (z_Q, v) 和 (z_A, v), 使得 $z_A = 1/z_Q$, 分别解关于 w_Q 和 w_A 的方程:

$$(-Q - z_Q I)w_Q = v, \qquad (z_A I - A)w_A = v.$$

定义 $\widetilde{w}_Q = Aw_Q$,

$$z_Q^{(1)} = \min_k \frac{w_Q(k)}{\widetilde{w}_Q(k)}, \qquad v_Q^{(1)} = \frac{\widetilde{w}_Q}{\|\widetilde{w}_Q\|},$$

和 $w = Aw_A$, $\widetilde{w}_A = Aw$,

$$z_A^{(1)} = \max_k \frac{\widetilde{w}_A(k)}{w(k)}, \qquad v_A^{(1)} = \frac{\widetilde{w}_A}{\|\widetilde{w}_A\|}.$$

则

$$z_Q^{(1)} = 1/z_A^{(1)}, \qquad v_Q^{(1)} = v_A^{(1)}. \tag{4.14}$$

事实上, 引理 1.26 和引理 2.8 保证了 $(-Q)^{-1}$ 和 $(-Q - z_Q I)^{-1}$ 存在且非负有限. 根据以上方程, 可得

$$w_Q = (-Q - z_Q I)^{-1} v = (-Q)^{-1}\big(I - z_Q(-Q)^{-1}\big)^{-1} v = A(I - z_Q A)^{-1} v,$$

$$w_A = (z_A I - A)^{-1} v = z_A^{-1}(I - z_A^{-1} A)^{-1} v = z_Q (I - z_Q A)^{-1} v$$

(由假设 $z_A = (z_Q)^{-1}$).

即有等式

$$z_Q w_Q = A w_A.$$

由 $\widetilde{w}_Q$ 和 $\widetilde{w}_A$ 的定义, 有

$$z_Q \widetilde{w}_Q = \widetilde{w}_A.$$

两边取 ℓ^2 范数, 可得

$$v_Q^{(1)} = \frac{\widetilde{w}_Q}{\|\widetilde{w}_Q\|} = \frac{z_Q \widetilde{w}_Q}{\|z_Q \widetilde{w}_Q\|} = \frac{\widetilde{w}_A}{\|\widetilde{w}_A\|} = v_A^{(1)}.$$

进一步, 有

$$\frac{w_Q(k)}{\widetilde{w}_Q(k)} = \frac{w_Q(k)}{(A w_Q)(k)} = \frac{(A w_A)(k)}{(A(A w_A))(k)} = \left(\frac{\widetilde{w}_A(k)}{w(k)}\right)^{-1}.$$

等式两边同时取下确界, 可得 $z_Q^{(1)} = 1/z_A^{(1)}$.

二、算法的收敛性证明

有了前面的准备知识后, 下面将给出算法中 $\{z^{(n)}\}$ 的收敛性证明. 事实上, 注 4.7 说明算法 4.4 和算法 4.3 等价. 算法 4.2 通过加入拟对称技巧得到算法 4.3. 因此, 只需证明算法 4.2 中 $\{z^{(n)}\}$ 和 $\{\widetilde{z}^{(n)}\}$ 的单调性.

引理 4.5 的证明中提到, 可忽略每一步特征向量逼近的归一化步骤. 由引理 4.5 和引理 4.6, 可预知在推移的逆迭代中塞进若干步幂

迭代可以加快 $\{z^{(n)}\}$ 的收敛速度. 假设矩阵 Q 满足引理 1.26 的条件, 给定正向量 w, 令 $A=(-Q)^{-1}, \widehat{w}=A^m w(m \geqslant 1)$, 且 $v=\widehat{w}/\|\widehat{w}\|$. 约定 $A^0=I$(单位阵), 令

$$z=\min_{0 \leqslant \ell \leqslant N} \frac{\left(A^{m-1} w\right)(\ell)}{\left(A^m w\right)(\ell)}, \tag{4.15}$$

并设 $z<\lambda_0$. 令 $w_Q=(-Q-zI)^{-1} v \left(\overset{\text{引理2.8}}{>} 0\right)$. 定义

$$z_1=\min_{0 \leqslant \ell \leqslant N} \frac{\left(A^{m-1} w_Q\right)(\ell)}{\left(A^m w_Q\right)(\ell)}, \tag{4.16}$$

仍设 $z_1<\lambda_0$. 则有引理 4.6 的推广形式, 见下面的命题 4.8.

命题 4.8. 设 z 和 z_1 分别由式 (4.15) 和式 (4.16) 定义, 则有

$$0<z \leqslant z_1<\lambda_0.$$

证明 将幂迭代应用于正的向量 w_Q, 由引理 4.5, 可得

$$z_1 \geqslant \min_{0 \leqslant \ell \leqslant N} \frac{w_Q(\ell)}{\left(A w_Q\right)(\ell)}.$$

又由引理 4.6, 有

$$\min_{0 \leqslant \ell \leqslant N} \frac{w_Q(\ell)}{\left(A w_Q\right)(\ell)} \geqslant \min_{0 \leqslant \ell \leqslant N} \frac{v(\ell)}{(A v)(\ell)}=\min_{0 \leqslant \ell \leqslant N} \frac{\left(A^m w\right)(\ell)}{A\left(A^m w\right)(\ell)}.$$

因此,

$$z_1 \geqslant \min_{0 \leqslant \ell \leqslant N} \frac{\left(A^m w\right)(\ell)}{A\left(A^m w\right)(\ell)}. \tag{4.17}$$

再一次由引理 4.5, 有

$$\min_{0 \leqslant \ell \leqslant N} \frac{\left(A^m w\right)(\ell)}{A\left(A^m w\right)(\ell)} \geqslant \min_{0 \leqslant \ell \leqslant N} \frac{\left(A^{m-1} w\right)(\ell)}{\left(A^m w\right)(\ell)}=z.$$

结合式 (4.17) 和 Perron-Frobenius 定理, 可知最后结论成立.

在以上的证明中, 引理 4.5 和引理 4.6 起着关键作用. 在命题 4.8 中取 $m=1$, 可证得算法 4.4 中 $\{z^{(n)}\}$ 的单调性. 由命题 4.8 和注

4.7, 可得算法 4.3 中 $\{z^{(n)}\}$ 的单调性. 另外, 算法 4.2、 算法 4.3、算法 4.4 中 $\{\widetilde{z}^{(n)}\}$ 的单调性可由相似的方式获证.

接下来证明特征向量的收敛性结果. 设非负不可约矩阵 $A = (a_{ij} : 0 \leqslant i, j \leqslant N)$, 这里以关于矩阵 A 的算法 4.2 为例. 下面记 $B^{(k)} = \left(z^{(k)} I - A\right)^{-1}$, $k \geqslant 0$. 首先由算法 4.2 可知, 特征向量逼近序列 $\{y^{(k)}\}$ 的理论表达式为

$$y^{(k)} = \frac{\prod_{\ell=0}^{k-1}\left(A^2 B^{(\ell)}\right) y^{(0)}}{A^{-1}\prod_{\ell=0}^{k-1}\left(A^2 B^{(\ell)}\right) y^{(0)}}, \quad k \geqslant 1. \tag{4.18}$$

为简单起见, 这里假设矩阵 A 有互不相同的特征值, 相应的特征对记为 $\{(\lambda_i, g_i)\}_{i=0}^N$ 并设 $\|g_i\| = 1$, 且

$$\lambda_0 > |\lambda_1| > \cdots > |\lambda_N|.$$

则存在数列 (α_k), 使得

$$y^{(0)} = \sum_{i=0}^N \alpha_i g_i.$$

由 Perron-Frobenius 定理可知, $\alpha_0 \neq 0$. 因为 $B^{(k)}$ 和 A 有相同的特征向量, 且 $B^{(k)}$ 的特征值为 $\left\{\dfrac{1}{z^{(k)} - \lambda_i}\right\}_{i=0}^N$. 故

$$A^2 B^{(0)} y^{(0)} = \sum_{i=0}^N \frac{\alpha_i \lambda_i^2}{z^{(0)} - \lambda_i} y_i,$$

结合式 (4.18), 有

$$\begin{aligned}
y^{(k)} &= \frac{\displaystyle\sum_{i=0}^N \frac{\alpha_i \lambda_i^{2k}}{\prod_{\ell=0}^{k-1}(z^{(\ell)} - \lambda_i)} g_i}{\left\|\displaystyle\sum_{i=0}^N \frac{\alpha_i \lambda_i^{2k-1}}{\prod_{\ell=0}^{k-1}(z^{(\ell)} - \lambda_i)} g_i\right\|} \\
&= \frac{g_0 + \displaystyle\sum_{i=1}^N \frac{\alpha_i}{\alpha_0}\left(\frac{\lambda_i}{\lambda_0}\right)^{2k} \prod_{\ell=0}^{k-1}\left(\frac{z^{(\ell)} - \lambda_0}{z^{(\ell)} - \lambda_i}\right) g_i}{\left\|\dfrac{g_0}{\lambda_0} + \displaystyle\sum_{i=1}^N \frac{\alpha_i}{\lambda_0 \alpha_0}\left(\frac{\lambda_i}{\lambda_0}\right)^{2k-1} \prod_{\ell=0}^{k-1}\left(\frac{z^{(\ell)} - \lambda_0}{z^{(\ell)} - \lambda_i}\right) g_i\right\|}.
\end{aligned}$$

因为

$$\lim_{k\to\infty}\left(\frac{\lambda_i}{\lambda_0}\right)^{2k}=0,\quad \lim_{k\to\infty}\prod_{\ell=0}^{k-1}\left(\frac{z^{(\ell)}-\lambda_0}{z^{(\ell)}-\lambda_i}\right)=0\quad (z^{(\ell)}>\lambda_0),$$

且 $\|g_0\|=1$, 故 $\lim\limits_{k\to\infty}y^{(k)}=\lambda_0 g_0$. 进一步, $\lim\limits_{k\to\infty}z^{(k)}=\lambda_0$.

至此, 已证明本章提出的所有算法的收敛性.

第五节　算法对经济模型的应用

本节首先给出一个注记, 解释华罗庚最优化的经济模型. 介绍华罗庚引进的计算最大特征值的公式, 检查计算复杂度和效果. 然后, 给出两个经济模型的具体算法, 给出算法有效性的理论分析并用例子进行例证.

一、一个经济最优化模型的注记

注 4.9. 文献 [6; §2] [7; §1] [8; §1] 中多次提到, 华罗庚的经济最优化模型 (详见文献 [25][27][29] 或 [4; §10] 及里面的参考文献) 是启发研究矩阵最大特征对子的原因之一. 下面将说明本章的内容可看作华罗庚的重要理论的补充, 尤其是计算方面.

此模型的关键点是利用非负矩阵的最大特征对子(尤其是最大特征向量). 从理论上讲, 若知道矩阵的最大特征值或最大特征向量, 便可以计算另外一个. 当然, 首先想到的是, 特征值是容易计算的. 因此, 华罗庚 (1984) 引进了计算最大特征值的如下公式:

$$\rho(A)=\lim_{\ell\to\infty}\left(\frac{\mathrm{Tr}(A^{\ell})}{N}\right)^{1/\ell},\qquad N=\text{矩阵 }A\text{ 的阶数}$$

当 A 固定时, 上述公式等价于

$$\rho(A)=\lim_{\ell\to\infty}\left(\mathrm{Tr}(A^{\ell})\right)^{1/\ell}.$$

在文献 [29] 中, 华罗庚引进了一个漂亮的改进算法

$$\rho(A) = \lim_{k\to\infty} \left(\mathrm{Tr}(A^{2^k})\right)^{1/2^k},$$

并声称此算法需要的矩阵乘积数是 $O(k)$. 具体做法为, 只需 k 步迭代便可得到A^{2^k} :

$$A\times A = A^2,\quad A^2\times A^2 = A^{2^2},\quad A^{2^2}\times A^{2^2} = A^{2^3},\cdots.$$

事实上, 可以看出, 此方法的收敛速度至少为 2^{-k}, 下面的命题也进一步加强了 $\rho(A)$ 的上述公式.

命题 4.10.　对上述提到的公式, 有

$$\left|\left(\mathrm{Tr}(A^m)\right)^{1/m} - \rho(A)\right| \leqslant \frac{\text{Constant}}{m} \qquad \text{当}\ \ m\to\infty.$$

证明　令

$$\rho(A) = \lambda_1 > |\lambda_2| \geqslant \cdots \geqslant |\lambda_N|$$

代表 A 的特征值(可能重复). 若 k 充分大, 则

$$\left(\mathrm{Tr}(A^m)\right)^{1/m} = \left[\sum_{j=1}^N \lambda_j^m\right]^{1/m} = \lambda_1\left[1+\sum_{j=2}^N\left(\frac{\lambda_j}{\lambda_1}\right)^m\right]^{1/m}.$$

注意到

$$\sum_{j=2}^N\left(\frac{\lambda_j}{\lambda_1}\right)^m \leqslant (N-1)\left(\frac{|\lambda_2|}{\lambda_1}\right)^m,$$

存在 m_0 充分大, 使得

$$x_0 = (N-1)\left(\frac{|\lambda_2|}{\lambda_1}\right)^{m_0} < 1.$$

这里为简单起见, 用 x_0 界定上式右边的指数衰减项. 则

$$\lambda_1(1-x_0)^{1/m} \leqslant \left(\mathrm{Tr}(A^m)\right)^{1/m} \leqslant \lambda_1(1+x_0)^{1/m},\quad m\geqslant m_0.$$

等价地, 有

$$\lambda_1\left[(1-x_0)^{1/m}-1\right] \leqslant \left(\mathrm{Tr}(A^m)\right)^{1/m} - \lambda_1 \leqslant \lambda_1\left[(1+x_0)^{1/m}-1\right],\ m\geqslant m_0.$$

因为

$$\frac{(1\pm x_0)^\alpha - 1}{\pm\alpha x_0} \to \frac{\log(1\pm x_0)}{\pm x_0},\quad \text{当}\quad \alpha\to 0,$$

本命题的断言成立.

和本节提到的方法相比, 本章提到的改进算法更加复杂. 因为本章的改进算法主要是为了计算最大特征向量, 所得到的最大特征值其实是特征向量的副产品. 反之, 若已知最大特征值, 可能无法计算其对应的最大特征向量. 用推移的逆迭代, 本章的改进算法加快了收敛速度. 但是, 算法的推移需要最大特征值的好的估计. 基于此, 这里需要更细心地检查计算复杂度, 不仅包括迭代步数 k, 亦包括矩阵 A 的阶数 N.

给定 N 阶的向量 u 和 v, 向量点乘 $u \cdot v$ 有 N 次数乘. 因此, 给定 N 阶矩阵 B, 矩阵乘积 $B \times B$ 需要

$$N^2 \times N = N^3$$

次数乘. 因此, 华罗庚上面的算法需要

$$O(k \times N^3)$$

次数乘. 显然, 一旦忽略 N, 便回到了之前讨论的问题: 当 $k \to \infty$ 时, 算法可很好地渐近收敛于 $\rho(A)$. 然而, 即使矩阵乘积的计算数目是 $O(k)$, 乘积元素也会指数式增长或下降. 见后面的例 4.12. 粗略来讲, 上面讨论的工作方向是 $k \ll N$ 而不是 $N \ll k$.

注意到本章的最大特征值估计是由 Collatz–Wielandt 公式所得的, 结果很粗糙. 算法能改进是由于使用了幂迭代. 给定向量 u, Au 的计算需要 N^2 次数乘. 这说明了理论数学与计算数学的不同. 本章中, 用改进算法计算的所有例子需要的迭代步数不超过 5 步. 这里的主阶复杂度是 $O(N^2)$, 而非 $O(N^3)$. 因为经济系统的阶数 N 是很大的, 因此这是有意义的.

最后, 由引理 4.5 和 Collatz–Wielandt 公式知, 改进算法用的 $z^{(0)}$ 永远落在安全区域 $[\rho(A), \infty)$. 然而, 序列

$$\xi_n = \left(\mathrm{Tr}(A^{2^n})\right)^{1/2^n}$$

不一定是单调的, 甚至有可能落在危险区域 $[0,\rho(A))$ (详见下面的例 4.12). 因此, 从序列 $\{\xi_n\}$ 中选择初值 $z^{(0)}$ 是危险的, 因为这样改进的算法可能会掉入陷阱.

例 4.12. (承例 4.5)　继续考虑例 4.5. 当 $N=50$ 时, $\rho(A)=49.6592$ 且

$$\{\xi_k\}_{k=1}^{10}:\quad 200.558,\ 87.525,\ 61.0271,\ 52.735,\ 50.0956,$$
$$\mathbf{49.5633},\ \mathbf{49.6321},\ 49.6597,\ 49.6592,\ 49.6592.$$

当 $N=150$ 时, $\rho(A)=149.662$ 且

$$\{\xi_k\}_{k=1}^{10}:\quad 1054.92,\ 349.387,\ 212.247,\ 171.075,\ 156.532,$$
$$151.312,\ 149.735,\ \mathbf{149.564},\ \mathbf{149.649},\ 149.662.$$

接下来, 若用 ξ_n' 代替 ξ_n:

$$\xi_n'=\left(\frac{\mathrm{Tr}(A^{2^n})}{N}\right)^{1/2^n},$$

则 $N=50$ 时, 有

$$\{\xi_k'\}_{k=1}^{10}:\quad 28.3632,\ 32.9147,\ 37.4241,\ 41.2965,\ 44.3309,$$
$$46.6244,\ 48.1381,\ 48.9066,\ 49.2812,\ 49.4699.$$

它们都比 $\rho(A)$ 小. 类似地, $N=150$ 时, 有

$$\{\xi_k'\}_{k=1}^{10}:\quad 86.1335,\ 99.8353,\ 113.457,\ 125.078,\ 133.844,$$
$$139.918,\ 143.986,\ 146.665,\ 148.191,\ 148.931.$$

因此, $\{\xi_k\}$ 和 $\{\xi_k'\}$ 都不能作为改进算法的推移. 这里, 注意到当 $N=150$ 时, 用 Mathematica 的数值计算结果为

$$A^{2^{10}}\text{的最小元素}=8.96436939807476\times 10^{2220},$$
$$A^{2^{10}}\text{的最大元素}=1.127062180214639\times 10^{2227}.$$

一般来讲, 计算机软件并不能处理这样巨大的数. 注意到 [9; Example 7] 计算此例到了 $N=10^4$ 阶, 亦可见例 4.9.

从上面的详细分析可以看出, 用矩阵 A 的迹给出的 $\rho(A)$ 的漂亮公式在计算方面不太实用. 因此, 后面将回到本章的改进算法.

二、华罗庚经济模型的应用

下面将改进的算法详细地应用到华罗庚的经济最优化模型中. 给定非负不可约的矩阵 $A = (a_{ij} : 1 \leqslant i, j \leqslant d)$, 为避免平凡情形, 假设矩阵 A^{-1} 非负. 模型从一个正的行向量 x_0 开始, 这里有两种不同的方法.

模型 1. 理想模型 (无消费). 在第 n 步, 令

$$x_n = x_0 A^{-n}, \qquad n \geqslant 1.$$

模型 2. 实际模型 (有消费). 用 $\alpha \in (0,1)$ 代表消费系数. 令

$$B = (1-\alpha)A^{-1} + \alpha I.$$

则经济模型变为

$$x_n = x_0 B^n, \qquad n \geqslant 1.$$

设 $\rho(A) < 1$, 这符合经济的实际意义. 两模型的主要区别是: 第一个模型有较快的增长速度但容易走向崩溃, 即崩溃时间

$$T = \inf\left\{n : \text{存在 } j \text{ 使得分量 } x_n^{(j)} \leqslant 0\right\}$$

可能有限甚至很小. 第二个模型的增长速度较慢但其崩溃时间变大了(α 越大, T 越大, 详见 [25, 27] 和 [4; Chapter 10]), 因此更稳定. 显然, $\alpha = 0$ 时, 模型 2 回到模型 1.

幸运的是两个模型有共同之处. 见如下变换:

$$A \to A^{-1} \to B;$$

A 的最大左特征对: $(\rho(A),\ g)$

$\to A^{-1}$ 的最小左特征对: $(\rho(A)^{-1},\ g)$

$\to B$ 的最小左特征对: $((1-\alpha)\rho(A)^{-1} + \alpha,\ g)$.

因此, 尽管主特征值从一个变为另外一个, 但它们对应的特征向量保持不变. 因此, 有下面的算法.

算法 4.11.　分两步进行.

(1) 用算法 4.3 和算法 4.4 计算矩阵的最大左特征对子.

(2) 将 (1) 中向量的稳定输出 $\mathbf{y}^{(\mathrm{iter})}$ 作为模型 1 和模型 2 的输入 x_0.

模型 2 是算法 4.11 的新想法, 与提高消费系数相比, 第 (1) 部分的精度更重要. 因为经济模型对初值敏感, 即一个好的投入对经济模型的稳定性更重要. 这是符合实际的.

为了更好地理解算法 4.11, 这里需要关于稳定性的额外理论分析. 下面从一个条件的详细分析开始, 然后逐步展开.

引理 4.12.　给定 $r>0$ 和 $z\in\mathbb{C}$ 满足 $|z|<r$.

(1) 设 $\alpha\in(0,1)$. 则对一切 $z\geqslant 0$, 下面不等式不成立.

$$\left|\frac{1-\alpha}{z}+\alpha\right|<\frac{1-\alpha}{r}+\alpha. \tag{4.19}$$

(2) 否则, 设 $z\ngeqslant 0$, 则不等式 (4.19) 成立当且仅当

$$0<\Phi(z)=\frac{r^2-|z|^2}{r^2(1-2\,\mathrm{Re}\,(z))+|z|^2(2\,r-1)}<\alpha. \tag{4.20}$$

证明　由

$$\frac{1-\alpha}{z}+\alpha=\left[\frac{(1-\alpha)\mathrm{Re}(z)}{|z|^2}+\alpha\right]-i\,\frac{(1-\alpha)\mathrm{Im}(z)}{|z|^2}$$

知,

$$(4.19)\Leftrightarrow\frac{(1-\alpha)^2}{|z|^2}+\alpha^2+\frac{2\alpha(1-\alpha)\mathrm{Re}(z)}{|z|^2}<\frac{(1-\alpha)^2}{r^2}+\alpha^2+\frac{2\alpha(1-\alpha)}{r}.$$

整理并将 α 合并, 可得上述不等式等价于

$$\alpha\left[\frac{2r-1}{r^2}-\frac{2\mathrm{Re}(z)-1}{|z|^2}\right]>\frac{1}{|z|^2}-\frac{1}{r^2}\ (>0).$$

这意味着 $\left[\frac{2r-1}{r^2}-\frac{2\mathrm{Re}(z)-1}{|z|^2}\right]$ 必须是正的且上述不等式等价于

$$\alpha>\left(\frac{1}{|z|^2}-\frac{1}{r^2}\right)\left[\frac{2r-1}{r^2}-\frac{2\mathrm{Re}(z)-1}{|z|^2}\right]^{-1}>0.$$

因此证得结论.

由式 (4.20) 定义的函数 $\Phi(z)$ 与 α 无关. 当 $\Phi(z)\in(0,1)$ 时, 将 α 的临界点 $\Phi(z)$ 记为 $\alpha_c(z)$, 则对一切 $\alpha\in(\alpha_c(z),1)$, 都有式 (4.19) 成立. 由 $\Phi(z)=\Gamma(\bar{z})$ 知 $\alpha_c(z)=\alpha_c(\bar{z})$. 这满足下面的计算.

下面引理的第一部分来自 [28; 定理 2], 第二部分是引理 4.12 的推论.

引理 4.13. 令 $r=\rho(A)$. 则有下面的结果成立.

(1) 初始选择 x_0 (模型 II) 的自由度等于

$$m=\#\{\lambda_j: z=\lambda_j \text{ 满足式 (4.19), 多重特征值重复计算}\}.$$

(2) 或者,

$$m=\#\{\lambda_j: z:=\lambda_j<0 \text{ 或者 } z \text{ 不是实数, 且满足 } \Gamma(z)\in(0,1), \text{ 多重特征值重复计算}\}.$$

这里, 给定集合 A, 符号 $\#A$ 表示集合 A 包含的元素个数. 约定, $\#\emptyset=0$.

引理 4.13(1) 中的 “自由度” 是指初值 x_0 可以在一个 m 维线性空间(若某些特征值的几何重数小于代数重数, 则需加上某些线性无关的向量) 加上最大左特征向量(差一个常数倍的意义下)中自由选择. 为了更好地理解引理 4.13, 先看下面的一个例子.

例 4.13.　令

$$A=\begin{pmatrix} 7 & 2 & 2 & 10 \\ 0 & 5 & 0 & 0 \\ 0 & 1 & 5 & 0 \\ 1 & 0 & 1 & 5 \end{pmatrix}.$$

则 A 有特征值

$$\{\lambda_j\}_{j=1}^4: \ (6+\sqrt{11},\ 5,\ 5,\ 6-\sqrt{11}) \approx (9.31662,\ 5,\ 5,\ 2.68338)$$

及相应的特征向量

$$(0.431662, 0.3, 0.431662, 1),\quad (0, 1, 0, 0.),$$

$$(0, 0, 0, 0),\quad (-0.231662, 0.3, -0.231662, 1).$$

A 的特征值 5 的代数维数 (或重数)是 2, 而几何维数是 1. 因此, 特征空间的维数是 3 而非 4. 为了得到 4 维空间的一组基底, 在 A 的核空间 $\mathrm{Ker}(A)$ 中选取一个新的线性无关向量代替上面的零向量. 用 $\{g_k\}_{k=1}^4$ 代表所得的独立向量, 则任意正的 x_0 可表示为

$$x_0=\sum_{k=1}^4 \gamma_k g_k \qquad \text{满足} \quad \gamma_1>0.$$

因此,

$$x_0\left(\frac{A}{\lambda_1}\right)^n=\sum_{k\neq 3}\gamma_k\left(\frac{\lambda_k}{\lambda_1}\right)^n g_k \to \gamma_1 g_1, \quad \text{当} \quad n\to\infty.$$

即此例的自由度为 3 而非 2.

显然, 上例比本章研究的模型 2 简单. 然而, 在计算自由度时, 关于多重特征值的结论是平行的.

从引理 4.13 可知, 当 $m \geqslant 1$ 时, x_0 有更多的自由度选择. 这样, 模型 2 也更稳定. 注意到用归一化的方法计算崩溃时间是合理的, 以模型 2 为例,

$$x_n=x_0\left(\frac{B}{(1-\alpha)\,\lambda_{\max}(A)^{-1}+\alpha}\right)^n, \qquad n\geqslant 1,$$

其中, $\lambda_{\max}(A)$ 是矩阵 A 的最大特征值. 为了更具体地理解此理论, 下面研究华罗庚的文献 [25, 27] 中最开始的例子.

例 4.14. 令

$$A = \frac{1}{100}\begin{pmatrix} 25 & 14 \\ 40 & 12 \end{pmatrix}.$$

则有特征值

$$\lambda_1 = \frac{1}{200}\left(37+\sqrt{2409}\right) \approx 0.430408,\ \lambda_2 = \frac{1}{200}\left(37-\sqrt{2409}\right) \approx -0.0604078.$$

其最大左特征向量是

$$\left(\frac{5}{7}\left(13+\sqrt{2409}\right),\ 20\right) \approx (44.3440,\ 20).$$

取 $x_0 = (44, 20)$, 表 4.13 列出了此模型的不同 α 及其对应的崩溃时间 T.

表 4.13 参数 α 及其对应的 T

α	0	0.4	0.6	0.8	0.8768
T	3	4	5	9	> 500

由引理 4.12 (2) 知, 当 $r = \lambda_1$ 时, $\alpha_c(\lambda_2) = 185/211 \approx 0.8768$. 即当 $\alpha > \alpha_c(\lambda_2)$ 时, 自由度是 1. 故其对应的 T 应该是接近无穷大.

从例 4.14 可看出参数 α 对经济稳定性的影响. 下面的例子更加有趣.

例 4.15. 令

$$A = \begin{pmatrix} 1 & 2 & 0 & 1 & 0 & 0 \\ 2 & 2 & 2 & 2 & 1 & 0 \\ 0 & 2 & 2 & 1 & 2 & 0 \\ 1 & 2 & 1 & 1 & 2 & 1 \\ 0 & 1 & 2 & 2 & 2 & 2 \\ 0 & 0 & 0 & 1 & 2 & 1 \end{pmatrix}.$$

则有特征值

$$\{\lambda_j\}_{j=1}^6:\ 3+2\sqrt{5},\quad 3,\quad \frac{1}{2}(1+\sqrt{5}),\quad 3-2\sqrt{5},\quad -1,\quad \frac{1}{2}(1-\sqrt{5})$$
$$\approx 7.47214,\quad 3,\quad 1.61803,\quad -1.47214,\quad -1,\quad -0.618034.$$

最大左特征向量是

$$(1,\ 2.23607,\ 2,\ 2,\ 2.23607,\ 1).$$

令 $r=\lambda_1$, $z=\lambda_{\#}$, 由引理 4.12 (1) 知 λ_2 和 λ_3 不满足式 (4.19), 又由引理 4.12 (2) 知

$$\alpha_c(\lambda_4)\approx 0.214286,\quad \alpha_c(\lambda_5)\approx 0.302205,\quad \alpha_c(\lambda_6)\approx 0.425981.$$

因此, 表 4.14 列出了不同参数 α 对应的自由度.

表 4.14　不同参数 α 对应的自由度

Interval of α	$(\alpha_c(\lambda_4),\ \alpha_c(\lambda_5)]$	$(\alpha_c(\lambda_5),\ \alpha_c(\lambda_6)]$	$(\alpha_c(\lambda_6),\ 1)$
自由度	1	2	3

分别取初值 $x_0=(1,2,2,2,2,1)$ 和 $x_0=(1,2.23607,2,2,2.23607,1)$, 表 4.15 列出了不同参数 α 及其对应的崩溃时间 T.

表 4.15　$x_0=(1,2,2,2,2,1)$　$x_0=(1,2.23607,2,2,2.23607,1)$

α	0	0.2	0.4	0.6	0.8	α	0	0.2	0.4	0.6	0.8
T	2	26	77	138	323	T	9	30	78	140	330

显然, 此例中的 α 增大可快速提高稳定性. 此外, 这里的自由度是 $3\,(<5)$. 注意到 α 较小时, x_0 的精度严重影响此模型的崩溃时间.

下例具有更大的自由度. 令

$$A_0 = \begin{pmatrix} 1 & 2 & 3 & 4 & 5 & 6 & 7 & 8 \\ 9 & 10 & 11 & 12 & 13 & 14 & 15 & 16 \\ 17 & 18 & 19 & 29 & 21 & 22 & 23 & 24 \\ 25 & 26 & 27 & 28 & 29 & 30 & 31 & 32 \\ 33 & 34 & 35 & 36 & 37 & 38 & 39 & 40 \\ 41 & 42 & 43 & 44 & 45 & 46 & 47 & 48 \\ 49 & 60 & 51 & 52 & 53 & 54 & 55 & 56 \\ 57 & 58 & 59 & 60 & 61 & 62 & 63 & 64 \end{pmatrix}. \quad (4.21)$$

因为此矩阵不可逆, 下面需要对其做必要的修正.

例 4.16. 令 $u = \{1, 2, 2, 2, 2, 2, 2, 2\}$,

$$A = A_0 - \mathrm{Diag}(u).$$

则矩阵 A 的特征值如下.

$$\{\lambda_j\}_{j=1}^8: \ 269.409, \ -11.7803, \ -4.34532, \ -2, \ -2, \ -2,$$
$$-1.14163 + 0.434068\,i, \ -1.14163 - 0.434068\,i.$$

最大左特征向量为

$$(0.814386, 0.874183, 0.865275, 0.920913,$$
$$0.919165, 0.94611, 0.973055, 1)$$

令 $r = \lambda_1$,由引理 4.12(2) 可得

$$\alpha_c(\lambda_2) \approx 0.0390049, \ \alpha_c(\lambda_3) \approx 0.101697,$$
$$\alpha_c(\lambda_4) = \alpha_c(\lambda_5) = \alpha_c(\lambda_6) \approx 0.19881,$$
$$\alpha_c(\lambda_7) = \alpha_c(\lambda_8) \approx 0.303548.$$

选取好的初值

$$x_0 = (0.814386, 0.874183, 0.865275, 0.920913,$$
$$0.919165, 0.94611, 0.973055, 1),$$

表 4.16 列出了参数 α 及其对应的崩溃时间 T.

表 4.16　参数 α 及其对应的崩溃时间 T

α	0	0.1	0.2	0.3	0.4
T	3	9	18	469	>500

注意到 λ_4, λ_5 和 λ_6 对应的左特征向量分别为

$$(0,\ 2,\ 0,\ -3,\ 0,\ 0,\ 0,\ 1),$$
$$(0,\ 1,\ 0,\ -2,\ 0,\ 1,\ 0,\ 0),$$
$$(0,\ 1,\ 0,\ -3,\ 2,\ 0,\ 0,\ 0).$$

它们是线性独立的. 即此例的自由度是整个维数 7. 因此, 当 α 增大时, 模型快速走向稳定.

一般来讲, 自由度 <1. 下面的推论可由引理 4.12 (1) 推出, 因为其特征值都是非负的.

推论 4.14.　令 $A=(-Q)^{-1}$, 其中 Q 满足引理 1.26 的条件且关于某个正测度是对称的, 则其自由度为 0.

证明　由引理 1.26 知, A 是有限正的. 又由对称化假设, $-Q$ 的谱是正的. 因此, 由引理 4.12 (1) 知结论成立.

下面两例是不可配称的, 它们的自由度仍然为零. 下面的第一个例子同例 4.5.

例 4.17. (承例 4.5)　　令 $A=(-Q)^{-1}$, 其中 Q 由例 4.5 定义, 则 $-Q$ 的特征值为

$$8.237127,\ 0.452339,\ 7.031610+0.779594\,i,\ 7.031610-0.779594\,i,$$
$$4.885853+1.465494\,i,\ 4.885853-1.4654941\,i,$$
$$2.596732+1.251562\,i,\ 2.596732-1.251562\,i.$$

它们的逆是矩阵 A 的特征值 $\{\lambda_j\}_{j=1}^8$. 除复特征值 $\{\lambda_j\}_{j=3}^8$ 外, 其他都是正的. 由引理 4.12 (1) 知, 正特征值不满足式 (4.19). 又由式 (4.20), 有

$$\Phi(\lambda_3) = \Phi(\lambda_4) = 1.358659 > 1,$$

$$\Phi(\lambda_5) = \Phi(\lambda_6) = 1.523203 > 1,$$

$$\Phi(\lambda_7) = \Phi(\lambda_8) = 2.123888 > 1$$

不满足式 (4.20) 的条件. 由引理 4.13 (2) 知, 它的自由度为 $m = 0$.

例 4.18. (承例 4.11) 令 $A = (-Q)^{-1}$, 其中 Q 由例 4.11 在 $\alpha = 7/4$, $N = 8$ 时定义. 矩阵 $-Q$ 的特征值是正的

$$8.84941,\ 7.46811,\ 6.07934,\ 4.73839,$$

$$3.4828,\ 2.35115,\ 1.39264,\ 0.638153,$$

故 A 的特征值也是正的. 由引理4.12 (2) 知, 自由度 $m = 0$.

由以上两例和推论 4.14 可知, 一般不期望模型有正的自由度. 此时, 由例 4.14 又知, 通过提高 α 来提高经济稳定性的方法很慢. 这是合理的, 因为两个模型本质上用到的方法都是幂迭代, 而幂迭代本身收敛速度就慢. 因此, 提高初值才是改进算法的好方法.

接下来, 用下面的例子来例证此想法.

例 4.19. 令 $A = A_0 + I_8$, 其中 I_8 是 8 阶单位矩阵, A_0 是由式 (4.21) 定义的矩阵, 则 A 的特征值为

$$\{\lambda_j\}_{j=1}^8:\ 272.391,\ -9.17325,\ -1.17606,\ 1.95873,\ 1,\ 1,\ 1,\ 1.$$

其最大左特征向量为

$$(16.2289,\ 17.4847,\ 17.3063,\ 18.419,\ 18.3838,\ 18.9225,\ 19.4613,\ 20).$$

因此

$$\alpha_c(\lambda_2) = 0.050035, \quad \alpha_c(\lambda_3) = 0.297413.$$

初值 x_0 分别取为

$$x_0 = (16,\ 17,\ 17,\ 18,\ 18,\ 19,\ 19,\ 20),$$

$$x_0 = (16.23,\ 17.48,\ 17.3,\ 18.41,\ 18.38,\ 18.92,\ 19.46,\ 20),$$

$$x_0 = (16.2289,\ 17.4847,\ 17.3063,\ 18.419,\ 18.3838,\ 18.9225,\ 19.4613,\ 20).$$

用 $T_1, T_2,$ 和 T_3 分别代表相应的崩溃时间. 表 4.17 列出了不同 α 对应的$\{T_j\}_{j=1}^3$.

表 4.17　参数 α 及其对应的 $\{T_j\}_{j=1}^3$

α	0	0.2	0.4	0.6	0.8	0.9
T_1	1	2	3	5	11	22
T_2	2	5	8	14	32	68
T_3	3	7	13	22	50	105

显然, 初值的精确度严重影响了崩溃时间.

这里需要提出的是, 尽管引理 4.12 和引理 4.13 理论精确, 但在应用中并不实用, 因为计算高阶矩阵的所有特征值是不实用的. 华罗庚 [27] 指出, 可用二分法检验初值 x_0 的效果. 事实上, 例 4.19 例证了提高算法 4.11(1) 的精确输出结果这一工作不可避免.

用 $A_{\#}$ 代表例 # 用到的矩阵, 则有

$$A_{4.19} - A_{4.16} = \mathrm{Diag}(\{2,3,3,3,3,3,3,3\}).$$

因此, 例 4.16 和例 4.19 非常接近. 然而, 它们的稳定性却非常不同. 这说明经济模型非常敏感. 此外, 改善经济结构 (i.e., 矩阵 A) 可有效地提高经济稳定性. 以上例子例证了文献 [9] 和本章改进算法的重要性.

第五章　离散加权 p-Laplacian 的特征值

离散加权 p-Laplacian 算子是生灭型生成元的非线性推广, 因此, 在计算加权 p-Laplacian 算子的主特征对时, 希望前面的迭代方法也适用于非线性情况. 本章介绍非线性情况特征对子的计算方法. 这里的结果来源于作者的硕士毕业论文 [30] 和文献 [31].

第一节　引　言

设 $p \in (1, \infty), N \leqslant \infty$. 考虑状态空间 $E = \{0, 1, \cdots, N\}$ 上的离散加权 p-Laplacian 算子 Ω_p :

$$\Omega_p f(k) = \nu_k |f_k - f_{k+1}|^{p-1} \text{sgn}(f_{k+1} - f_k) - \nu_{k-1} |f_{k-1} - f_k|^{p-1} \text{sgn}(f_k - f_{k-1}).$$

这里的 $\{\nu_k\}$ 是定义在 E 上满足 $\nu_{-1} = 0$ 的正的序列, f 是定义在 E 上满足 ND 边界条件的函数

$$\text{Neumann 边界: } f_0 = f_{-1},$$

$$\text{Dirichlet 边界: } f_{N+1} = 0.$$

记 $\partial_k(f) = f_{k+1} - f_k$, 则算子 Ω_p 可改写为

$$\Omega_p f(k) = \nu_k |\partial_k(f)|^{p-1} \text{sgn}(\partial_k(f)) - \nu_{k-1} |\partial_{k-1}(f)|^{p-1} \text{sgn}(\partial_{k-1}(f)). \quad (5.1)$$

给定 E 上的正数序列 $\{\mu_k\}$, 算子 $-\Omega_p$ 的特征方程为

$$\begin{cases} -\Omega_p g(k) = \lambda\mu_k |g_k|^{p-1}\mathrm{sgn}(g_k), & k \in E, \\ g_{-1} = g_0,\ g_{N+1} = 0. \end{cases} \tag{5.2}$$

若 (λ, g) 是特征方程 (5.2) 的解, 则称 λ 为 $-\Omega_p$ 的一个特征值, 称 g 为算子 $-\Omega_p$ 对应于特征值 λ 的特征函数. 在文献 [16] 中, 作者们给出了不同形式的变分公式, 特征值的上、下界估计, 特征值为正的判别准则, 以及最大特征值的逼近程序. 记算子 $-\Omega_p$ 的代数最小特征值为 λ_p, 其经典变分公式为

$$\lambda_p = \inf\{D_p(f) : \mu(|\ f\ |^p) = 1, f \in \mathscr{C}_K\}.$$

其中, $\mathscr{C}_K$ 是具有紧支撑的函数族构成的集合.

记
$$D_p(f) = \sum_{k\in E} \nu_k |f_k - f_{k+1}|^p, \qquad f \in \mathscr{C}_K,$$

由文献 [16]可知, $D_p(f) = (-\Omega_p f, f)$, 其中 (f, g) 代表普通的内积.

在本章中, 我们将会用到以下一些记号, 特在这里给出说明.

(1) 给定 $p > 1$, 令 p^* 表示其共轭数 (即 $1/p + 1/p^* = 1$),

(2) 给定正的数列 ν, 定义其对偶 $\hat{\nu_j} = \nu_j^{1-p^*}$,

(3) 给定 E 上的函数 f, 定义 $\mu(f) = \sum\limits_{k\in E} \mu_k f_k$, $\|\ f\ \|_{\mu,p} = \mu(|f|^p)^{\frac{1}{p}}$.

对任意给定序列 $\gamma = (\gamma_i : i \in E)$, 令 $\gamma[0, m] = \sum_{j=0}^m \gamma_j$, 且算子 II 如文献 [16]

$$II_i(f) = \frac{1}{f_i^{p-1}} \left(\sum_{j\in \mathrm{supp}\,(f)\cap[i,N]} \hat{\nu_j} \left(\sum_{k=0}^{j} \mu_k f_k^{p-1} \right)^{p^*-1} \right)^{p-1}.$$

定义
$$\sigma_p = \sup_{n\in E} \mu[0, n]\hat{\nu}[n, N]^{p-1},$$

对于线性情况($p = 2$), 利用谱分解我们很容易得到逆迭代方法的收敛性证明, 而非线性情况无法得到逆迭代方法收敛于主特征值的严格证

明, 因此, 本章先根据文献 [22] 给出加权 p-Laplacian 的逆迭代方法, 根据文献 [16] 中对加权 p-Laplacian 主特征对的上、下界估计, 给出初值并给出其收敛于主特征值的严格证明, 并与文献 [16] 中提出的迭代程序进行比较. 这里借用了文献 [1] 和文献 [21] 中的主要证明思路, 并结合文献 [16] 中的部分证明方法得到提出的逆迭代方法严格收敛于主特征值; 与此同时, 得到文献 [16] 中提出的逼近程序与本书提出的逆迭代实质上是同一种逼近的不同表达形式. 当然, 本书在此研究的大前提是, 离散有限状态空间. 在此过程中得到了文献 [16] 中提出的 $\bar{\delta}_n$ 的单调性证明.

第二节　几个重要结果

下面概述后面将要用到的前人的代表性成果, 因此, 这里我们列出 ND 边界条件下的几个重要结果, 它们分别摘自文献 [16] 中的定理 2.3、定理 2.1、命题 2.2 和推论 2.5, 我们以引理的形式列于此. 当然, 对于 DN 边界条件也有相应结果, 不再列出, 文中应用时会给出说明.

关于加权 p-Laplacian 算子的主特征值 λ_p, 有如下估计:

引理 5.1. 对于 $p>1$, 有 $\lambda_p>0$ 当且仅当 $\sigma_p<\infty$. 更精确地, 有

$$(\kappa(p)\sigma_p)^{-1}\leqslant\lambda_p\leqslant\sigma_p^{-1}.$$

其中, $\kappa(p)=pp^{*p-1}$, $1/p+1/p^*=1$, $\sigma_p=\sup_{n\in E}[\mu[0,n](\hat{\nu}[n,N])^{p-1}]$.

关于加权 p-Laplacian 算子的主特征值 λ_p, 有如下变分公式:

引理 5.2. 对于 λ_p $(p>1)$, 有双重和式的变分公式

$$\inf_{f\in\widetilde{\mathscr{F}_{II}}}\sup_{i\in\operatorname{supp}(f)}II_i(f)^{-1}=\lambda_p=\sup_{f\in\mathscr{F}_{II}}\inf_{i\in E}II_i(f)^{-1},$$

其中,

$$II_i(f)=\frac{1}{f_i^{p-1}}\left[\sum_{j\in \operatorname{supp}(f)\cap[i,N]}\hat{\nu}_j\left(\sum_{k=0}^{j}\mu_k f_k^{p-1}\right)^{p^*-1}\right]^{p-1},$$

并且

$$\mathscr{F}_{II}=\{f:E\to\mathbb{R}^+\},$$
$$\widetilde{\mathscr{F}_{II}}=\{f:f_k>0,k\leqslant m,1\leqslant m<N+1;f_i=0,m\leqslant i<N+1\}.$$

引理 5.3. 对于 $\lambda_p\ (p>1)$, 有双重和式和单重和式的变分公式

$$\inf_{f\in\widetilde{\mathscr{F}_I}}\sup_{i\in\operatorname{supp}(f)}II_i(f)^{-1}=\lambda_p=\sup_{f\in\mathscr{F}_I}\inf_{i\in E}I_i(f)^{-1},$$

其中,

$$I_i(f)=\frac{1}{\nu_i(f_i-f_{i+1})^{p-1}}\sum_{j=0}^{i}\mu_j f_j^{p-1},$$

并且

$$\mathscr{F}_I=\{f:E\to\mathbb{R}^+\text{且 }f\text{ 严格单调下降}\},$$
$$\widetilde{\mathscr{F}_I}=\{f:f\text{在 }\ [n,m]\ \ 0\leqslant n<m<N+1\text{上单调下降},f_\cdot=f_{\cdot\vee n}1_{[\cdot\leqslant m]}\}.$$

引理 5.4. 对于 $p>1$, 有引理 5.1 的改进形式

$$(\kappa(p)\sigma_p)^{-1}\leqslant\delta_1^{-1}\leqslant\lambda_p\leqslant\delta_1'^{-1}\leqslant\sigma_p^{-1}.$$

其中, $\kappa(p)$, σ_p 同引理 5.1, δ_1 和 δ_1' 如同算法 5.7 中所述.

当 $N\leqslant\infty$ 时, $-\Omega_p$ 的代数最小特征值 λ_p 的逼近程序如定理 5.5 所示.

定理 5.5. 设 $N\leqslant\infty$ 且 $\sigma_p<\infty$.

(1) 定义

$$f^{(1)}=\hat{\nu}[\cdot,N]^{1/p^*},\quad f^{(n)}=f^{(n-1)}\left(II\left(f^{(n-1)}\right)\right)^{p^*-1},\quad n\geqslant 2,$$

且

$$\delta_n = \sup_{i\in E} II_i\left(f^{(n)}\right).$$

则 δ_n 关于 n 单调递减(其极限表示为 δ_∞), 且满足

$$\lambda_p \geqslant \delta_\infty^{-1} \geqslant \cdots \geqslant \delta_1^{-1} > 0.$$

(2) 固定 $\ell, m \in E, \ell < m$, 定义

$$f^{(1,\ell,m)} = \hat{\nu}[\cdot \vee \ell, m]\mathbb{1}_{\leqslant m},$$

$$f^{(n,\ell,m)} = f^{(n-1,\ell,m)}\left(II\left(f^{(n-1,\ell,m)}\right)\right)^{p^*-1}\mathbb{1}_{\leqslant m}, \quad n \geqslant 2,$$

这里 $\mathbb{1}_{\leqslant m}$ 代表集合 $\{0,1,\cdots,m\}$ 的示性函数, 然后定义

$$\delta_n' = \sup_{\ell,m:\ell<m}\min_{i\leqslant m} II_i\left(f^{(n,\ell,m)}\right).$$

则 δ_n' 关于 n 单调递增(其极限表示为 δ_∞'), 且满足

$$\sigma_p^{-1} \geqslant \delta_1'^{-1} \geqslant \cdots \geqslant \delta_\infty'^{-1} \geqslant \lambda_p.$$

再定义

$$\bar{\delta}_n = \sup_{\ell,m:\ell<m}\frac{\mu\left(f^{(n,\ell,m)^p}\right)}{D_p\left(f^{(n,\ell,m)}\right)}, \qquad n \geqslant 1.$$

则对 $n \geqslant 1$, 有 $\bar{\delta}_n^{-1} \geqslant \lambda_p$ 且 $\bar{\delta}_{n+1} \geqslant \delta_n'$.

作为文献 [5] 的推广, 定理 5.5 首次出现在 [16; Theorem 2.4], 并证明了 $\{\delta_n\}$ 和 $\{\delta_n'\}$ 的单调性, 以及 $\{\bar{\delta}_n\}$ 与 $\{\delta_n'\}$ 的对比性质. 但是, 定理 5.5 还有三个问题未解决:

(i) $\delta_\infty^{-1} \overset{?}{=} \lambda_p$;

(ii) $\delta_\infty'^{-1} \overset{?}{=} \lambda_p$;

(iii) $\{\bar{\delta}_n\}$ 是否关于 n 单调?

下面就 $N < \infty$ 的情形回答以上三个问题.

第三节　加权 p-Laplacian 的逼近定理

我们首先引进关于算子 $-\Omega_p$ 的文献 [16] 中逼近算法的简化和逆迭代算法. 这里假设 μ 和 ν 是两个给定的正数列, 任意给定 E 上的函数 $f^{(n)}$, $f_k^{(n)}$ 表示第 n 步迭代得到的函数 $f^{(n)}$ 在 k 处的值.

一、算法的引进

定理 5.6. 假设 $N<\infty$. 给的那个函数 $f^{(1)}>0$.

(1) 按照如下方式定义 E 上的迭代序列 $f^{(n)}$:

$$f^{(n)}=f^{(n-1)}\left(II\left(f^{(n-1)}\right)\right)^{p^*-1},\qquad n\geqslant 2.$$

(2) 对 $n\geqslant 1$, 定义如下三个序列

$$\delta_n=\sup_{i\in E}II_i\left(f^{(n)}\right),\quad \delta_n'=\inf_{i\in E}II_i\left(f^{(n)}\right),\quad \overline{\delta}_n=\frac{\mu\left(f^{(n)p}\right)}{D_p\left(f^{(n)}\right)}.$$

则序列 $\{\delta_n\}$ 关于 n 单调递减, 序列 $\{\delta_n'\}$ 和 $\{\overline{\delta}_n\}$ 关于 n 单调递增且

$$0<\delta_n^{-1}\leqslant\lambda_p\leqslant\overline{\delta}_{n+1}^{-1}\leqslant\delta_n'^{-1}\leqslant\sigma_p^{-1}<\infty,\qquad n\geqslant 1.$$

进一步有,

$$\lim_{n\to\infty}\delta_n^{-1}=\lim_{n\to\infty}\overline{\delta}_n^{-1}=\lim_{n\to\infty}\delta_n'^{-1}=\lambda_p.$$

定理 5.6 的最后结论是对定理 5.5 的主要补充. 下面介绍有限状态空间 E 上的算子 Ω_p 的逆迭代方法.

算法 5.7. (逆迭代) 假设 $N<\infty$. 给定正函数 $v^{(0)}$ 满足 $\|v^{(0)}\|_{\mu,p}=1$, 在第 $n\,(n\geqslant 1)$ 步, 解关于 $w^{(n)}$ 的非线性方程

$$\begin{cases}-\Omega_p w^{(n)}(k)=\mu_k|v_k^{(n-1)}|^{p-2}v_k^{(n-1)}, & k\in E,\\ w_{N+1}^{(n)}=0.\end{cases}\tag{5.3}$$

定义

$$v^{(n)} = \|w^{(n)}\|_{\mu,p}^{-1} w^{(n)}, \quad z_n = D_p(v^{(n)}),$$

这里的 $v_k^{(n)}$ 代表向量 $v^{(n)}$ 的第 k 个分量, $\|\cdot\|_{\mu,p}$ 代表 $L^p(\mu)$ 范数, 则$\{v^{(n)}\}$ 收敛于 λ_p 的特征函数. 序列 $\{z_n\}$ 关于 n 单调递减且

$$\lim_{n\to\infty} z_n = \lambda_p.$$

文献 [22] 将数值计算中的逆迭代方法推广到非线性问题. 文献 [1] 首次引进 p-Laplacian 算子 的逆迭代方法. 文献 [21] 用逆迭代方法求 q 对子. 而算法 5.7 给出的是加权 p-Laplacian 算子的逆迭代算法, 如式 (5.3) 所示, 测度 μ 和 ν 表示加权算子, 它是 Laplacian 算子到椭圆算子的自然推广.

二、数值算例

下面用例子验证定理 5.6 和算法 5.7 的收敛性. 用以上两种方法和软件 MATLAB-R2013a 计算来自 [16; 例 2.6 和 2.7] 两例的代数最小特征值 λ_p. 后面除非特别声明, 我们的初值均取为 $w^{(0)} = f^{(1)} = \hat{\nu}[\cdot, N]^{1/p^*}$ 和 $v^{(0)} = \|w^{(0)}\|_{\mu,p}^{-1} w^{(0)}$.

例 5.1. ([16; 例 2.6]) 假设 $E = \{0, 1, \cdots, N\}$. 给定 $k \in E$, 令 $\mu_k = 20^k$, $\nu_k = 20^{k+1}$, 则当 $p = 4.5$, $N = 80$ 时, $\lambda_p \approx 0.782379$. 表 5.1 和表 5.2 给出了用逆迭代方法和定理 5.6 的逼近程序计算的部分结果. 在计算时, 当获得 6 位精确数值后便停止计算.

表 5.1 和图 5.1 说明, 当 k 较小时, 序列 $\{z_k\}$ 单调递减得较快, 最后趋于稳定. 表 5.1 和表 5.2 满足关系式 $1/\delta_n \leqslant 1/\bar{\delta}_{n+1} \leqslant 1/\delta_n'$. 从表中可以看出, 序列 $\{z_n = 1/\bar{\delta}_{n+1}\}$ 比序列 $\{1/\delta_n\}$ 和 $\{1/\delta_n'\}$ 收敛速度快.

表 5.1　$z_k = \overline{\delta}_{k+1}^{-1}$ 的部分输出

k	z_k	k	z_k	k	z_k
0	0.828685	11	0.785009	90	0.782417
1	0.796974	12	0.784798	100	0.782403
2	0.791961	13	0.784613	120	0.782388
3	0.789715	14	0.784449	140	0.782383
4	0.788379	15	0.784303	160	0.782381
5	0.787472	16	0.784172	180	0.782380
6	0.786805	20	0.783759	200	0.782380
7	0.786291	30	0.783155	210	0.782380
8	0.785878	40	0.782839	$\geqslant$217	0.782379

表 5.2　$(n,\ 1/\delta_{n+1}\ 1/\delta'_{n+1})$ 的部分输出

n	$1/\delta_{n+1}$	$1/\delta'_{n+1}$	n	$1/\delta_{n+1}$	$1/\delta'_{n+1}$
0	0.778535	4.44787	16	0.778549	0.818055
1	0.778535	1.59105	20	0.778579	0.809951
3	0.778535	1.01136	40	0.779214	0.794022
5	0.778535	0.912311	70	0.780660	0.787332
7	0.778535	0.872080	100	0.781552	0.784767
8	0.778535	0.859805	120	0.781877	0.783870
9	0.778536	0.850360	140	0.782074	0.783315
10	0.778536	0.842871	160	0.782194	0.782970
11	0.778537	0.836789	180	0.782266	0.782755
12	0.778538	0.831752	200	0.782309	0.782621
13	0.778539	0.827513	210	0.782324	0.782574
14	0.778542	0.823897	217	0.782332	0.782548
15	0.778545	0.820776	218	0.782333	0.782544

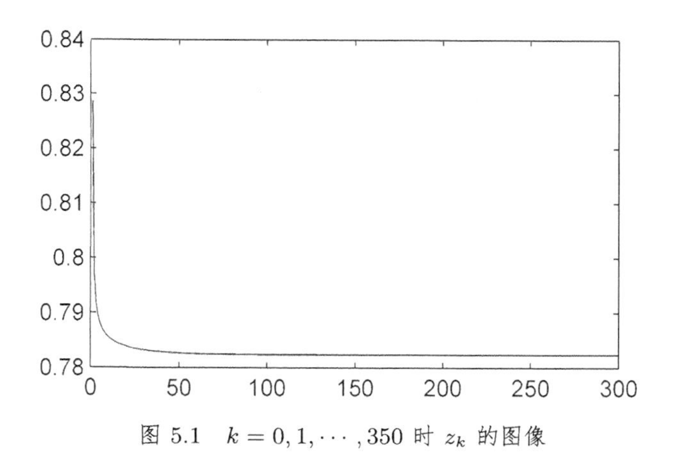

图 5.1　$k=0,1,\cdots,350$ 时 z_k 的图像

取
$$w^{(0)}=\hat{\nu}[\cdot,N]^{1/p^*}, \tag{5.4}$$
$$w^{(0)}=1, \tag{5.5}$$

作为新的初值, 比较不同初值对逆迭代的影响. 表 5.3 列出了不同的比较结果.

表 5.3　当 $N=20$, $p=3$ 时不同初值的输出结果

$w^{(0)}$	z_0	z_1	z_2	z_3	z_4	z_5
(5.4)	5.54656	5.30688	5.24358	5.21557	5.19956	5.18922
(5.5)	19.	14.2599	9.95816	7.96854	7.06961	6.58198
$w^{(0)}$	z_6	z_7	z_8	z_9	z_{10}	z_{15}
(5.4)	5.18209	5.17696	5.17318	5.17036	5.16822	5.16311
(5.5)	6.27831	6.07182	5.92271	5.81020	5.72241	5.47138
$w^{(0)}$	z_{20}	z_{25}	z_{30}	z_{40}	z_{50}	z_{59}
(5.4)	5.16175	5.16137	5.16127	5.16123	5.16122	5.16122
(5.5)	5.35331	5.28531	5.24194	5.19412	5.17383	5.16636
$w^{(0)}$	z_{80}	z_{100}	z_{140}	z_{147}		
(5.5)	5.16182	5.16130	5.16122	5.16122		

对比表 5.3, 说明一个好的初值对逆迭代是必要的.

例 5.2. ([16; 例 2.7]) 假设 $E=\{0,1,\cdots,N\}$. 令 $\mu_k=\nu_k=1$, $k\in E$. 表 5.4 列出了当 $p=2.5$, $N=40$ 时, z_n, $1/\delta_{n+1}$, $1/\delta'_{n+1}$, $1/\overline{\delta}_{n+1}$ 的输出结果.

表 5.4. (n, z_n, $1/\delta_{n+1}$, $1/\delta'_{n+1}$ $1/\overline{\delta}_{n+1}$) 的输出结果

n	z_n	δ_{n+1}^{-1}	δ'^{-1}_{n+1}	$\overline{\delta}_{n+1}^{-1}$
0	0.000458009	0.000255829	0.00160159	0.000458009
1	0.000271491	0.000269664	0.000283578	0.000271491
2	0.000271279	0.000271048	0.000272059	0.000271279
3	0.000271277	0.000271250	0.000271349	0.000271277
4		0.000271274	0.000271285	
5		0.000271277	0.000271278	
6			0.000271277	

以 z_n 为例, 当 $n\geqslant 3$ 时, 表 5.4 表示后面的输出结果一样, 所以这里省略未列出.

三、主要结果的证明

为了证明算法 5.7, 我们需要解方程 (5.3). 事实上, 方程 (5.3) 的解可以由算子 II 清晰地表示, 下面用引理 5.8 介绍. 方程 (5.3) 是如下 Poisson 方程 (5.6) 的特殊情形:

$$-\Omega_p g(k)=\mu_k|f_k|^{p-1}\mathrm{sgn}(f_k),\qquad k\in E. \tag{5.6}$$

这里的 $g,f\in\{g:E\to\mathbb{R}|g_{-1}=g_0,g_{N+1}=0\}$. 下面假设 $N<\infty$.

引理 5.8. 给定函数 $f>0$, 方程 (5.6) 的唯一解为

$$g(k)=f_k\left(II_k(f)\right)^{p^*-1},\qquad k\in E.$$

证明 在方程 (5.6) 两边关于 $0\sim k$ 求和, 由 $f>0$ 和算子 Ω_p

的差分形式 (5.1) 可知,

$$-\nu_k|\partial_k(g)|^{p-1}\mathrm{sgn}(\partial_k(g))=\sum_{j=0}^{k}\mu_j f_j^{p-1}>0,\qquad k\in E.\tag{5.7}$$

因此 $\partial_k(g)<0$. 再由边界条件 $g_{N+1}=0$ 可得 $g_k>0$, $k\in E$. 此外, 由式 (5.7) 和 N 处的边界条件可知, $g_N=\hat{\nu}_N\left(\sum_{j=0}^{N}\mu_j f_j^{p-1}\right)^{p^*-1}$. 由 $g>0$, $\partial(g)<0$, 将式 (5.7) 去绝对值并关于 k 归纳可得

$$g_k=\sum_{i=k}^{N}\hat{\nu}_i\left(\sum_{j=0}^{i}\mu_j f_j^{p-1}\right)^{p^*-1},\qquad k\in E.$$

因此 $g(k)=f_k\left(II_k(f)\right)^{p^*-1}$, 解的唯一性显然.

由引理 5.1 可知 $\lambda_p>0$, 由 [16; 命题 3.2] 可知 λ_p 的特征函数严格单调. 在算法 5.7 中, 我们选取的初值 $v^{(0)}$ 严格为正. 利用引理 5.8 对 n 用数学归纳法可知, $\{w^{(n)}\}$ 和 $\{v^{(n)}\}$ 是正的递减函数列. 作为特征函数列的模拟, $\{w^{(n)}\}$ 和$\{v^{(n)}\}$ 的单调性与特征函数的单调性一致. 此外, 给定常数 $c>0$, 注意到 $II(f)=II(cf)$. 对 n 归纳可得注 5.9.

注 5.9. 给定常数 $c>0$, 假设 $v^{(0)}=cf^{(1)}$, 这里的 $v^{(0)}$ 和 $f^{(1)}$ 分别由算法 5.7 和定理 5.6 给出. 则

$$z_n=\bar{\delta}_{n+1}^{-1},\qquad n\geqslant 0.$$

注意到算法 5.7 中的函数列 $\{v^{(n)}\}$ 是算子 λ_p 的特征函数的逼近序列, 当 n 充分大时,

$$-\Omega_p v^{(n)}\approx\lambda_p\mathrm{diag}(\mu)(v^{(n)})^{p-1}.$$

且,

$$\lambda_p\approx\frac{(-\Omega_p v^{(n)},v^{(n)})}{(\mathrm{diag}(\mu)(v^{(n)})^{p-1},v^{(n)})}=\frac{D_p(v^{(n)})}{\|v^{(n)}\|_{\mu,p}^p}=\bar{\delta}_n^{-1}.$$

因此可以想到算法 5.7 是收敛的.

定义

$$\xi_{n-1}=\frac{1}{\|w^{(n)}\|_{\mu,p}^{p-1}},\qquad n\geqslant 1. \tag{5.8}$$

因为 $v^{(n)}=\|w^{(n)}\|_{\mu,p}^{-1}w^{(n)}$. 将其代入式 (5.3), 可得

$$\begin{cases}-\Omega_p v^{(n)}(k)=\xi_{n-1}\mu_k|v_k^{(n-1)}|^{p-2}v_k^{(n-1)}, & k\in E,\\ v_{N+1}^{(n)}=0,\end{cases} \tag{5.9}$$

这里的 $v^{(n)}$ 和 $v^{(n-1)}$ 由算法 5.7 给出.

下面开始证明算法 5.7. 首先有序列 $\{z_n\}$ 的收敛性结论.

命题 5.10. 算法 5.7 和式 (5.8) 定义的序列

$$z_n=D_p(v^{(n)})\qquad 和 \qquad \xi_n=\|w^{(n+1)}\|_{\mu,p}^{1-p}$$

分别关于 n 单调递减, 且满足

$$\lambda_p\leqslant z_{n+1}\leqslant\xi_n\leqslant z_n\leqslant\xi_{n-1}.$$

因此

$$\lambda_p\leqslant\lim_{n\to\infty}z_n=\lim_{n\to\infty}\xi_n=\xi. \tag{5.10}$$

证明 因为 $\nu_{-1}=0$, $f_{N+1}=0$, 对任意的 $\{H_k\}$, 有

$$\sum_{k=0}^{N}\nu_{k-1}f_kH_{k-1}=\sum_{k=-1}^{N-1}\nu_kf_{k+1}H_k=\sum_{k=0}^{N}\nu_kf_{k+1}H_k.$$

结合算子 Ω_p 的差分形式 (5.1), 可得

$$\begin{aligned}&(-\Omega_pg,f)\\ =&-\sum_{k=0}^{N}\nu_kf_k|\partial_k(g)|^{p-1}\mathrm{sgn}\,(\partial_k(g))+\sum_{k=0}^{N}\nu_{k-1}f_k|\partial_{k-1}(g)|^{p-1}\mathrm{sgn}\,(\partial_{k-1}(g))\\ =&\sum_{k=0}^{N}\nu_k|\partial_k(g)|^{p-1}\mathrm{sgn}\,(\partial_k(g))\,\partial_k(f).\end{aligned} \tag{5.11}$$

特别地,

$$(-\Omega_p g, g) = \sum_{k=0}^{N} \nu_k |\partial_k(g)|^p = D_p(g).$$

若 (g,f) 满足 Poisson 方程 (5.6) 和 $f \neq 0$, 则对 $h \in \{g : E \to \mathbb{R} | g_{-1} = g_0, g_{N+1} = 0\}$, 由 Hölder 不等式,有

$$|(-\Omega_p g, h)| \overset{(5.6)}{=} \left| \left(|f|^{p-1}\mathrm{sgn}(f), h\right)_\mu \right| \leqslant \|f\|_{\mu,p}^{p-1} \|h\|_{\mu,p}.$$

上式两边同时除以 $\|g\|_{\mu,p}^p$, 可得

$$\frac{|(-\Omega_p g, h)|}{\|g\|_{\mu,p}^p} \leqslant \frac{\|f\|_{\mu,p}^{p-1}\|h\|_{\mu,p}}{\|g\|_{\mu,p}^p}.$$

特别地, 当 $h = g$ 时有

$$\frac{D_p(g)}{\|g\|_{\mu,p}^p} \leqslant \frac{\|f\|_{\mu,p}^{p-1}}{\|g\|_{\mu,p}^{p-1}} = \frac{\|f\|_{\mu,p}^p}{\|g\|_{\mu,p}^{p-1}\|f\|_{\mu,p}}. \tag{5.12}$$

此时我们用范数 $\|\cdot\|_{\mu,p}$ 控制了普通的内积 (特别地, 控制了 D_p). 下面用 D_p 控制范数 $\|\cdot\|_{\mu,p}$. 设函数对 (g,f) 满足 Poisson 方程 (5.6) 且 $f \neq 0$, 则

$$\begin{aligned}
\|f\|_{\mu,p}^p &= \left(|f|^{p-1}\mathrm{sgn}(f), f\right)_\mu \overset{(5.6)}{=} (-\Omega_p g, f) \\
&\overset{(5.11)}{=} \sum_{k=0}^{N} \nu_k |\partial_k(g)|^{p-1} \mathrm{sgn}\left(\partial_k(g)\right) \partial_k(f) \\
&= \left(|\partial(g)|^{p-1}\mathrm{sgn}\left(\partial(g)\right), \partial(f)\right)_\nu \\
&\leqslant D_p(g)^{\frac{p-1}{p}} D_p(f)^{\frac{1}{p}} \quad (\text{Hölder 不等式}).
\end{aligned} \tag{5.13}$$

由式 (5.12) 和式 (5.13), 可得

$$\frac{D_p(g)}{\|g\|_{\mu,p}^p} \leqslant \frac{D_p(g)^{\frac{p-1}{p}} D_p(f)^{\frac{1}{p}}}{\|g\|_{\mu,p}^{p-1}\|f\|_{\mu,p}}.$$

将上式化简可得

$$\frac{D_p(g)}{\|g\|_{\mu,p}^p} \leqslant \frac{D_p(f)}{\|f\|_{\mu,p}^p}.$$

取 $f = v^{(n)}$, $g = w^{(n+1)}$, 注意到 $\|v^{(n)}\|_{\mu,p} = 1$, 因此

$$\begin{aligned} z_{n+1} = \frac{D_p(w^{(n+1)})}{\|w^{(n+1)}\|_{\mu,p}^p} &\overset{(5.12)}{\leqslant} \frac{1}{\|w^{(n+1)}\|_{\mu,p}^{p-1}} \frac{\|v^{(n)}\|_{\mu,p}^p}{\|v^{(n)}\|_{\mu,p}} = \frac{1}{\|w^{(n+1)}\|_{\mu,p}^{p-1}} = \xi_n \\ &\overset{(5.13)}{\leqslant} \frac{D_p(w^{(n+1)})^{\frac{p-1}{p}} D_p(v^{(n)})^{\frac{1}{p}}}{\|w^{(n+1)}\|_{\mu,p}^{p-1} \|v^{(n)}\|_{\mu,p}} = z_{n+1}^{(p-1)/p} z_n^{1/p}, \end{aligned}$$

将上式化简可得

$$z_{n+1} \leqslant \xi_n \leqslant z_n \leqslant \xi_{n-1}.$$

这说明算法 5.7 和式 (5.8) 中的 $\{z_n\}$ 和 $\{\xi_n\}$ 均单调递减, 且式 (5.10) 的不等式关系亦成立.

下面证明模拟特征函数列 $\{v^{(n)}\}$ 的单调性.

命题 5.11. 函数列 $\{v^{(n)}\}$ 收敛于算子 Ω_p 对应于特征值 ξ 的特征函数.

证明 下面分两步证明此结论. 首先证明存在 $\{v^{(n)}\}$ 的子列收敛于算子 Ω_p 对应于 ξ 的特征函数. 然后证明函数列 $\{v^{(n)}\}$ 的任意子列均收敛于相同的函数 v.

(a) 下面证明函数列 $\{v^{(n)}\}$ 存在子列收敛于值 ξ 的特征函数.

因为 $\{v^{(n)}\}$ 在空间 $L^p(\mu)$ 的单位球面上, 所以存在 $\{v^{(n)}\}$ 的子列 $\{v^{(n_k)}\}$ 和定义于 E 上的函数 v 满足

$$v^{(n_k)} \longrightarrow v \qquad (\text{逐点收敛}).$$

因此只需证明 v 是特征值 ξ 对应的特征函数. 由引理 5.8 可知, $v^{(n)}$ $(n \geqslant 1)$ 是正的单调递减函数,因此, 函数v 是非负单调递减函数. 由式 (5.9), 可得

$$-\Omega_p v^{(n_k+1)}(i) = \xi_{n_k} \mu_i \left(v_i^{(n_k)}\right)^{p-1}, \qquad i \in E.$$

再次应用引理 5.8 可知

$$v_\ell^{(n_k+1)} = \sum_{i=\ell}^{N} \hat{\nu}_i \left(\sum_{j=0}^{i} \xi_{n_k} \mu_j \left(v_j^{(n_k)} \right)^{p-1} \right)^{p^*-1}.$$

由命题 5.10, 可得 $\xi_{n_k} \to \xi$. 又因为 $v^{(n_k)} \to v$(逐点收敛), 所以

$$v^{(n_k+1)} \longrightarrow \bar{v} \qquad (\text{逐点收敛}),$$

这里

$$\bar{v}_\ell = \sum_{i=\ell}^{N} \hat{\nu}_i \left(\sum_{j=0}^{i} \xi \mu_j v_j^{p-1} \right)^{p^*-1}. \tag{5.14}$$

因为

$$\lim_{k\to\infty} z_{n_k} = \lim_{k\to\infty} D_p\left(v^{(n_k)}\right) = \xi = \lim_{k\to\infty} z_{n_k+1} = \lim_{k\to\infty} D_p\left(v^{(n_k+1)}\right),$$

且

$$\|v^{(n_k)}\|_{\mu,p} = \|v^{(n_k+1)}\|_{\mu,p} = 1,$$

所以 $D_p(\bar{v}) = D_p(v) = \xi, \|\bar{v}\|_{\mu,p} = \|v\|_{\mu,p} = 1$. 结合式 (5.14) 可知, 函数 $\bar{v}$ 是正的单调递减函数. 可证

$$-\Omega_p \bar{v}(\ell) = \xi \mu_\ell v_\ell^{p-1}. \tag{5.15}$$

进一步有

$$\xi = \xi \|v\|_{\mu,p}^p = (\xi v^{p-1}, v)_\mu \overset{(5.15)}{=} (-\Omega_p \bar{v}, v) \overset{(5.11)}{=} (|\partial(\bar{v})|^{p-1}\mathrm{sgn}(\partial\bar{v}), \partial v)_\nu,$$

由 Hölder 不等式, 可知

$$(|\partial(\bar{v})|^{p-1}\mathrm{sgn}(\partial\bar{v}), \partial v)_\nu \leqslant D_p(\bar{v})^{\frac{p-1}{p}} D_p(v)^{\frac{1}{p}} = \xi, \tag{5.16}$$

即式 (5.16) 的等式成立. 因此存在常数 c_1, c_2 且 $c_1c_2 \neq 0$, 使得 $c_1|\partial\bar{v}|^{(p-1)\cdot p/(p-1)} + c_2|\partial v|^p = 0$. 由 $D_p(v) = D_p(\bar{v}) = \xi$, 可得 $|\partial_j \bar{v}| = |\partial_j v|$. 因为函数 v 和 $\bar{v}$ 单调递减, 所以 $\partial_j \bar{v} = \partial_j v$. 由点 $N+1$ 处的边界条件, 可得 $\bar{v}_N = v_N$. 因为 $\bar{v}$ 为正, 关于 k 归纳, 可得

$$v_k = \bar{v}_k > 0, \qquad k \in E.$$

由式 (5.15) 及函数 $\bar{v}$ 为正且单调递减, 可知函数 v 是特征值 ξ 的正的单调递减的特征函数. 即

$$-\Omega_p v(k) = \xi \mu_k v_k^{p-1}.$$

(b) 下面证明函数列 $\{v^{(n)}\}$ 的任意子列均收敛于相同的函数 v.

事实上, 由上述 (a) 的证明可知函数 v 是如下方程的解:

$$\begin{cases} -\Omega_p f = \xi \mathrm{diag}(\mu) f^{p-1}, \\ f_{N+1} = 0. \end{cases} \tag{5.17}$$

可证上述方程 (5.17) 具有唯一的单调递减的解 f, 使得 $\|f\|_{\mu,p} = 1$. 因此函数列 $\{v^{(n)}\}$ 的任意子列均收敛于相同的函数 v.

步骤 (a) 和 (b) 说明函数列 $\{v^{(n)}\}$ 收敛于 ξ 的一个特征函数, 所以 (ξ, v) 是算子 $-\Omega_p$ 的一个特征对子.

命题 5.10 和命题 5.11 说明序列 $\{(v^{(n)}, z_n)\}$ 是算子 $-\Omega_p$ 的一个特征对子的逼近序列. 作为特征函数的模拟, $\{v^{(n)}\}$ 是正的单调递减函数列, 这与算子 $-\Omega_p$ 的代数最小特征向量具有相同的性质. 所以希望证明 $\xi = \lambda_p$. 在下面证明 $\{(v^{(n)}, z_n)\}$ 是算子 $-\Omega_p$ 的代数最小特征对子的逼近序列时, 文献 [16] 中的双重求和变分形式起到了关键作用.

命题 5.12. 定理 5.6 中的序列 $\{\delta_n\}, \{\delta'_n\}$ 和$\{\bar{\delta}_n\}$ 均收敛于 λ_p,

$$\lim_{n\to\infty} \delta_n^{-1} = \lim_{n\to\infty} \delta_n'^{-1} = \lim_{n\to\infty} \bar{\delta}_n^{-1} = \lambda_p = \xi.$$

证明 (a) 首先证明

$$\lim_{n\to\infty} \frac{w^{(n)}}{w^{(n+1)}} = 1. \qquad (\text{逐点收敛})$$

由命题 5.11 可知, 函数列 $\{v^{(n)}\}$ 收敛于 ξ 对应的特征函数 (记其极限为函数 v), 则 v 是正的单调递减函数. 由命题 5.10 可知

$$\lim_{n\to\infty}\frac{w^{(n)}}{w^{(n+1)}}=\lim_{n\to\infty}\frac{v^{(n)}}{v^{(n+1)}}\left(\frac{\|w^{(n)}\|_{\mu,p}^{1-p}}{\|w^{(n+1)}\|_{\mu,p}^{1-p}}\right)^{1-p^*}=1. \qquad \text{(逐点收敛)}$$

(b) 证明

$$\lim_{n\to\infty}II(w^{(n)})=\lim_{n\to\infty}II(v^{(n)})=\xi^{-1}.$$

因为

$$w^{(n+1)}=v^{(n)}\left(II(v^{(n)})\right)^{p^*-1}=\|w^{(n)}\|_{\mu,p}^{-1}w^{(n)}\left(II(v^{(n)})\right)^{p^*-1},$$

所以

$$\lim_{n\to\infty}II(v^{(n)})=\lim_{n\to\infty}\left(w^{(n+1)}/w^{(n)}\right)^{p-1}\|w^{(n)}\|_{\mu,p}^{p-1}=\xi^{-1}.$$

(c) 证明

$$\xi=\lambda_p.$$

上述步骤 (b) 说明

$$\xi^{-1}=\lim_{n\to\infty}II(v^{(n)})=\lim_{n\to\infty}\sup_{k\in E}II_k(v^{(n-1)}).$$

因为算子 II 是齐次算子, 令函数 $v^{(0)}=cf^{(1)}$, 则

$$\lim_{n\to\infty}\sup_{k\in E}II_k(v^{(n-1)})=\lim_{n\to\infty}\sup_{k\in E}II_k(f^{(n)})=\lim_{n\to\infty}\delta_n,$$

即 $\lim\limits_{n\to\infty}\delta_n=\xi^{-1}$. 类似地, 可证

$$\xi^{-1}=\lim_{n\to\infty}\inf_{k\in E}II_k(v^{(n-1)})=\lim_{n\to\infty}\inf_{k\in E}II_k(f^{(n)})=\lim_{n\to\infty}\delta_n'.$$

以上两式说明

$$\lim_{n\to\infty}\delta_n^{-1}=\lim_{n\to\infty}\delta_n'^{-1}=\xi,$$

由 [16; 定理 2.1], 可得

$$\delta_n^{-1} \leqslant \lambda_p \leqslant \delta_n'^{-1}. \tag{5.18}$$

式 (5.18) 两边同时取极限, 得

$$\xi = \lim_{n\to\infty} \delta_n^{-1} = \lim_{n\to\infty} \delta_n'^{-1} = \lambda_p,$$

结合注 5.9, 可得 $\lim\limits_{n\to\infty} \bar{\delta}_n = 1/\lambda_p$.

命题 5.10 至命题 5.12 证得了算法 5.7, 定理 5.6 中的剩余结果可由文献 [16] 中关于 λ_p 对偶变分公式得到, 参见 [16; 定理 2.1 和定理 2.4], 即定理 5.6 结证. 在定理 5.6 和算法 5.7 中, 只需 $v^{(0)} > 0$, 线性情形可根据 Perron-Frobenius 定理看出, 此时可由谱分解得证.

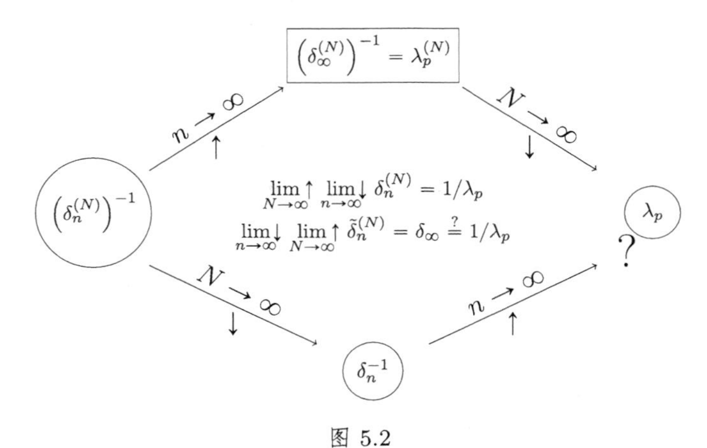

图 5.2

注: 符号 ↑ (↓) 表示单调递增 (单调递减)

这里需要说明的是, 当 $N=\infty$ 时结论未得到证明. 粗略地讲, 我们需要解决的是图 5.2 的交换性, 其解释如下:

(a) 由 [16; 定理 2.4(1)] 可知, 任意固定 N, $\{\delta_n^{(N)}\}$ 关于 n 单调递减;

(b) 由命题 5.12 知, $\lim\limits_{n\to\infty} \delta_n^{(N)} = 1/\lambda_p^{(N)}$;

(c) 由 [16; 注记 3.3(2)], $\lim\limits_{N\to\infty} \lambda_p^{(N)} = \lambda_p$.

由以上三条可知

$$\lim_{N\to\infty}\uparrow \lim_{n\to\infty}\downarrow \delta_n^{(N)} = 1/\lambda_p.$$

另外, 由定理 5.5 (1) 可得状态空间 $E=\{k\in\mathbb{Z}_+: 0\leqslant k<\infty\}$ 上的函数列 $\{f^{(n)}\}_{n\geqslant 1}$, 用其定义

$$\tilde{\delta}_n^{(N)}=\sup_{0\leqslant i\leqslant N} II_i(f^{(n)}\mathbb{1}_{\leqslant N}).$$

则可证序列 $\{\tilde{\delta}_n^{(N)}\}$ 关于 N 单调递增, 且当 $N=\infty$ 时, 其极限是定理 5.5 (1) 中 定义的 δ_n. 进一步, 由定理 5.5 (1) 知, $\{\delta_n\}$ 关于 n 单调递减其极限表示为 δ_∞:

$$\delta_\infty=\lim_{n\to\infty}\!\downarrow\ \lim_{N\to\infty}\!\uparrow\ \tilde{\delta}_n^{(N)}.$$

因此, 这里主要未解决的问题为 $\delta_\infty=1/\lambda_p$? 到目前为止, 还没找到解决办法.

下节介绍对偶边界的相似结果.

第四节　对偶边界的相应结果(DN 情形)

除非特别声明, 本节用到的符号与 [16; §4] 中的符号相同. 令 $E=\{k\in\mathbb{Z}_+: 0\leqslant k<N+1\}$ $(N\leqslant\infty)$, 差分形式 ∂_k^- 定义为 $\partial_k^-(f)=f_{k-1}-f_k$, 则算子 Ω_p 可重新定义为

$$\Omega_p f(k)=-\nu_{k+1}|\partial_{k+1}^-(f)|^{p-1}\mathrm{sgn}(\partial_{k+1}^-(f))+\nu_k|\partial_k^-(f)|^{p-1}\mathrm{sgn}(\partial_k^-(f)).$$

在 DN 边界条件下, 算子 II 定义如下

$$II_i(f)=\frac{1}{f_i^{p-1}}\left[\sum_{j=1}^{i}\hat{\nu}_j\left(\sum_{k=j}^{N}\mu_k f_k^{p-1}\right)^{p^*-1}\right]^{p-1},\qquad i\in E,$$

这里 σ_p 定义如下

$$\sigma_p=\sup_{n\in E}\left(\mu[n,N]\hat{\nu}[1,n]^{p-1}\right).$$

这里的正序列 $\{\nu_k : k \in E\}$ 满足边界条件 $\nu_{N+1} = 0$ (若 $N < \infty$). 定理 5.13 给出了当 $N \leqslant \infty$ 时, λ_p 的逼近程序.

定理 5.13. 假设 $N \leqslant \infty$ 且 $\sigma_p < \infty$.

(1) 令 $f^{(1)} = \hat{\nu}[1, \cdot]^{1/p^*}$, 对 $n \geqslant 2$, 定义

$$f^{(n)} = f^{(n-1)} \left(II \left(f^{(n-1)} \right) \right)^{p^*-1}, \quad \delta_n = \sup_{i \in E} II_i \left(f^{(n)} \right).$$

则 $\{\delta_n\}$ 关于 n 单调递减 (其极限表示为 δ_∞) 且

$$\lambda_p \geqslant \delta_\infty^{-1} \geqslant \cdots \geqslant \delta_1^{-1} > 0.$$

(2) 固定 $m \in E$, 令 $f^{(1,m)} = \hat{\nu}[1, \cdot \wedge m]$. 对 $n \geqslant 2$, 定义

$$f^{(n,m)} = f^{(n-1,m)} \Big(II \left(f^{(n-1,m)} \right) (\cdot \wedge m) \Big)^{p^*-1}$$

和 $\delta_n' = \sup\limits_{m \in E} \inf\limits_{i \in E} II_i \left(f^{(n,m)} \right)$. 则 $\{\delta_n'\}$ 关于 n 单调递增(其极限表示为 δ_∞') 且

$$\sigma_p^{-1} \geqslant \delta_1'^{-1} \geqslant \cdots \geqslant \delta_\infty'^{-1} \geqslant \lambda_p.$$

然后定义

$$\bar{\delta}_n = \sup_{m \in E} \frac{\mu \left(f^{(n,m)p} \right)}{D_p \left(f^{(n,m)} \right)}, \qquad n \geqslant 1.$$

则对 $n \geqslant 1$, 有 $\bar{\delta}_n^{-1} \geqslant \lambda_p$ 和 $\bar{\delta}_{n+1} \geqslant \delta_n'$.

定理 5.13 首次出现在 [16; 定理 4.3]. 这里也存在三个类似问题, $N < \infty$ 时的答案见下面的定理 5.14.

定理 5.14. 假设 $N < \infty$, 给定函数 $f^{(1)} > 0$.

(1) 定义 E 上的迭代函数列 $f^{(n)} = f^{(n-1)} \left(II \left(f^{(n-1)} \right) \right)^{p^*-1}, \quad n \geqslant 2$.

(2) $n \geqslant 1$ 时,定义如下三个序列

$$\delta_n = \sup_{i \in E} II_i \left(f^{(n)} \right), \quad \delta_n' = \inf_{i \in E} II_i \left(f^{(n)} \right), \quad \bar{\delta}_n = \frac{\mu(f^{(n)p})}{D_p(f^{(n)})}.$$

则 $\{\delta_n\}$ 关于 n 单调递减, $\{\delta'_n\}$ 和 $\{\bar{\delta}_n\}$ 关于 n 单调递增且

$$0 < \delta_n^{-1} \leqslant \lambda_p \leqslant \bar{\delta}_{n+1}^{-1} \leqslant \delta_n'^{-1} \leqslant \sigma_p^{-1} < \infty, \quad n \geqslant 1.$$

进一步地,

$$\lim_{n\to\infty} \delta_n^{-1} = \lim_{n\to\infty} \bar{\delta}_n^{-1} = \lim_{n\to\infty} \delta_n'^{-1} = \lambda_p.$$

定理 5.14 的最后结果是对 [16; 定理 4.3] 增加的新结论. 下面介绍 DN 边界条件下算子 Ω_p 的代数最大特征值的逆迭代方法.

算法 5.15. (逆迭代) 设 $N < \infty$. 给定正函数 $w^{(0)}$, 解关于 $w^{(n+1)}$ 的如下方程

$$\begin{cases} -\Omega_p w(k) = \mu_k |w_k^{(n)}|^{p-2} w_k^{(n)}, & k \in E. \\ w_0 = 0. \end{cases} \tag{5.19}$$

令

$$z_{n+1} = \frac{D_p(w^{(n+1)})}{\|w^{(n+1)}\|_{\mu,p}^p}.$$

则函数列 $\{w^{(n)}/\|w^{(n)}\|_{\mu,p}\}$ 收敛于 λ_p 的特征函数. $\{z_n\}$ 关于 n 单调递减且

$$\lim_{n\to\infty} z_n = \lambda_p.$$

这里的证明与本章第二节中的证明类似, 不同点是不同边界下求和变为尾和. 令 $v^{(n)} = \|w^{(n)}\|_{\mu,p}^{-1} w^{(n)}$, 方程 (5.19) 的等价形式为

$$\begin{cases} -\Omega_p v^{(n)}(k) = \varsigma_{n-1} \mu_k \left(v_k^{(n-1)}\right)^{p-1}, & k \in E, \\ v_0^{(n)} = 0, \end{cases}$$

其中 $\varsigma_{n-1} = \|w^{(n)}\|_{\mu,p}^{1-p} \|w^{(n-1)}\|_{\mu,p}^{p-1}$, 且

$$\lim_{n\to\infty} z_n = \lim_{n\to\infty} \varsigma_n = \varsigma.$$

这里忽略证明.

参考文献

[1] BIEZUNER R J, ERCOLE G, MARTINS E M. Computing the first eigenvalue of the p-Laplacian via the inverse power method[J]. Journal of Functional Analysis, 2009, 257(1): 243-270.

[2] BUTLER B K , SIEGEL P H. Sharp bounds on the spectral radius of nonnegative matrices and digraphs[J]. Linear Algebra and its Application, 2013, 439(5): 1468–1478.

[3] Chen M F. Variational formulas and approximation theorems for the first eigenvalue[J]. *Sci China(A)*, 2001, 44(4):409-418.

[4] Chen M F. *Eigenvalues, Inequalities, and Ergodic Theory*[M]. London: Springer, 2005.

[5] Chen M F. Speed of stability for birth–death processes[J].*Front Math China*, 2010, 5(3): 379–515.

[6] Chen M F. Efficient initials for computing the maximal eigenpair[J]. *Front Math China*, 2016, 11(6): 1379–1418.

[7] Chen M F. The charming leading eigenpair[J]. *Advanced Math China*, 2017, 46(4): 281–297.

[8] Chen M F. Trilogy on computing maximal eigenpair[J]. Queueing Theory and Network Applications. Lecture Notes in Comput Sci, 10591, 312–329. Springer 2017.

[9] Chen M F. Global algorithms for maximal eigenpair[J]. *Front Math China*, 2017, 12(5): 1023–1043.

[10] 陈木法. 最优搜索问题: 从马航失联谈起[J]. 数学传播, 2017, 41(3): 13–25.

[11] Chen M F. Hermitizable, isospectral complex matrices or differential operators[J]. *Front Math China*, 2018, 13(6): 1267–1311.

[12] Chen M F, Li Y S. Development of powerful algorithm for maximal eigenpair[J]. *Front Math China*, 2019, 14(3):493-519.

[13] Chen M F, Li Y S. Improved global algorithms for maximal eigenpair[J]. *Front Math China*, 2019, 14(6):1077-1116.

[14] Chen M F, Jia Z G, Pang H K. Computing top eigenpairs of Hermitizable matrix[J]. *Front Math China*, 2021,16:345 - 379.

[15] 陈木法, 毛永华. 随机过程导论[M]. 北京:高等教育出版社, 2007.

[16] Chen M F, Wang L D, Zhang Y H. Mixed eigenvalues of discrete p-Laplacian[J]. *Front Math China*, 2014, 9(6): 1261-1292.

[17] Chen M F, Zhang X. Isospectral operators[J]. *Commun Math Stat*, 2014, 2: 17–32.

[18] Chen, M.F, Zhang, Y.H, and Zhao, X.L. Dual variational formulas for the first Dirichlet eigenvalue on half-line[J]. *Sci. China (A)* 2003, 33:4 (Chinese Edition), 371-383; (English Edition),46:6, 847-861.

[19] CIPRA B A. The best of the 20th century: Editors name top 10 algorithms[J]. SIAM News, 2000, 33(4): 1–2.

[20] DYNKIN E B. *Markov Processes*: vol. 1[M]. New York: Springer, 1965.

[21] GREY E. An inverse iteration method for obtaining q-eigenpairs of the p-Laplacian in a general bounded domain[J]. Proceedings of the American Mathematical Society, 2015, 144(5).

[22] HEIN M, BUHLER T. An inverse power method for nonlinear eigenproblems with applications in 1-spectral clustering and sparse PCA[C]//Advances in Neural Information Processing Systems, 2010: 847-855.

[23] HALL C A, PORSCHING T A. Bounds for the maximal eigenvalue of a nonnegative irreducible matrix[J]. Duke Math J, 1969, 36(1): 159–164.

[24] HOUSEHOLDER A S. Unitary triangularization of a nonsymmetric matrix[J]. *J Assoc Comput Mach*, 1958, 5: 339–342.

[25] 华罗庚. 计划经济大范围最优化的数学理论: I [J]. 科学通报, 1984, 12: 705–709.

[26] 华罗庚. 计划经济下大范围最优化的数学理论: III [J]. 科学通报, 1984, 13: 769–772.

[27] 华罗庚. 计划经济大范围最优化的数学理论: X [J]. 科学通报, 1985, 9: 641–645.

[28] 华罗庚, 华苏. 具有左右二正特征矢量的实方阵的研究[J]. 数学通报, 1985, 8: 30–33.

[29] 华罗庚. 华罗庚文集：应用数学 II [C]. 北京: 科学出版社, 2010: 39-53.

[30] 李月爽: 加权p-Laplacian 的逆迭代方法[D]. 北京: 北京师范大学. 2017.

[31] Li, Y S. Approximation theorem for principle eigenvalue of discrete p-Laplacian[J]. *Front Math China*, 2018, 13(5): 1045 - 1061.

[32] 李月爽. 马氏链的稳定速度估计及算法[D]. 北京: 北京师范大学. 2019.

[33] Li, Y S, Wang, L D. Approximation theorem for maximal eigenpair of upwardly skip-free Markov chains[J]. (未发表)

[34] STEWART G W. The decompositional approach to matrix computation[J]. IEEE Comput Sci Eng, 2000, 2(1): 50–59.

[35] Tang T, Yang J. Computing the maximal eigenpairs of large size tridiagonal matrices with O(1) number of iterations[J]. *Numer Math Theory Methods Appl*, 2018, 11(4):877–894.

[36] 王梓坤. 随机过程通论: 上卷 [M]. 北京: 北京师范大学出版社, 1996.

[37] 王周静. 复可配称矩阵的 Householder 变换[D]. 北京: 北京师范大学, 2019.

[38] You L H, Shu Y J, Yuan P Z. Sharp upper and lower bounds for the spectral radius of a nonnegative irreducible matrix and its applications[J]. Linear and Multilinear Algebra, 2017, 65(1): 113–128.

[39] 张余辉. 关于单生过程指数遍历和 ℓ 遍历的注记 [J]. 北京师范大学学报 (自然科学版), 2010, 46(1):1-5.

[40] 张余辉. 相邻状态死亡速率成比例的单生 Q 矩阵 [J]. 北京师范大学学报 (自然科学版), 2010, 46(6):651-656.

[41] Zhang Y H. Criteria on ergodicity and strong ergodicity of single death processes[J]. *Front Math China*, 2018, 13(5):1215-1243.

[42] 张余辉. 单生过程的研究进展[J]. 中国科学: 数学, 2019, 49(3):621-642.